女人精 女人经

周虹 周丽 等 ◎ 著

气象出版社
China Meteorological Press

图书在版编目(CIP)数据

女人精　女人经/周虹等著.—北京:气象出版社,
2015.2(2015.5 重印)
ISBN 978-7-5029-6090-2

Ⅰ.①女…　Ⅱ.①周…　Ⅲ.①女性-成功心理-
通俗读物　Ⅳ.①B848.4-49

中国版本图书馆 CIP 数据核字(2015)第 021273 号

女人精　女人经
Nüren Jing　Nüren Jing

出版发行:气象出版社
地　　址:北京市海淀区中关村南大街 46 号　　邮政编码:100081
总 编 室:010-68407112　　发 行 部:010-68409198
网　　址:www.qxcbs.com　　E-mail:　qxcbs@cma.gov.cn
责任编辑:杨　辉　胡育峰　　终　　审:汪勤模
封面设计:符　赋　　责任技编:吴庭芳
印　　刷:北京京科印刷有限公司
开　　本:710 mm×1000 mm　1/16　　印　　张:17
字　　数:200 千字
版　　次:2015 年 2 月第 1 版　　印　　次:2015 年 5 月第 2 次印刷
定　　价:39.00 元

谨以此书献给郑州人民广播电台《亲子课堂》栏目创始人荻兰、路研老师和《亲子课堂》栏目所有工作人员以及广大的《亲子课堂》栏目听众朋友们。

《女人精　女人经》编委会

序

疲惫晚归的父亲、焦虑烦躁的母亲、问题频出的孩子，是现在常见的构成一个家庭的三个人，问题的症结在谁身上？婚姻中不良的两性关系使问题孩子越来越多，但是人们往往把两性关系的问题隐藏起来，只想解决孩子的问题。于是，全中国家长都在学习，女人们到处去上亲子课，效果并不明显，男人更不满意。女人们甚至带着亲子教育专家的尚方宝剑去指责男人没有抽出更多时间给自己和孩子，影响了家庭关系。

从事家庭教育工作十几年，我更清楚大家的苦衷，我也清楚地看到问题所在。问题到底出在哪里？到底是谁影响家庭幸福的发展或者谁主宰家庭命运呢？不是孩子也不是男人，是女人！

两年来，我通过对一百多个家庭跟踪服务得出结论，女人引领家庭文化的走向，这是毋庸置疑的。

这一百多个家庭，我几乎没有见过女人们的丈夫和孩子。我的工作对象是女人，从女人原生家庭开始入手，通过女人去重塑一个家族支系文化……女人稍有变化，男人、孩子就会紧紧跟随，家庭文化进入良性循环。这是一个新新课题，对参与的每个家庭都是挑战。百分之九十以上的家庭都挑战成功。

女人，责任重大！女人，真的了不起！

为什么一定是女人呢？

小时候，我常看见阿姨们坐在马路边抱着脚脖子哭泣，边哭边数落男人的不是。如今的女性虽然很少这样，但她们在内心深处，在潜意识里哭泣。我们发现男人不会这样，他们总是往前走……

女人们比男人更能强烈地感觉到孤独、疲惫、沮丧、压抑、愤怒、迷茫、恐惧、忧伤。她们需要爱，因为不喜欢自己，脆弱敏感，非常在乎别人如何评价她们的生活，几乎所有人都不满意婚姻现状。不管她后来爱上了谁，又和谁在一起，两性生活总不顺心，养孩子远比她们期待和预想得要艰难许多。来到虹汇是由于她们被生命中的某些境遇所逼迫正在经历痛苦挣扎，然后不得不停下来，开始面对和审视自己的内生活。

杜拉斯说："令人可怕的事实是，人得无止境地面对自己。"是的，两年来我做得最多的事情就是陪伴着女人们勇敢地面对她们自己，最重要的是转身面对原生家庭。虹汇的产品是幸福，虹汇家族文化重塑之旅充满了冒险，虹汇女人真不容易。开始的行程对于每个会员来说都是可怕的！因为我毫不留情直取她们生命中的病灶，不给麻药！

这是一个迷茫的时代，当然也包括我们，我，虹汇，虹汇的每个伙伴。海洋、森林、耕地被不断破坏，人们在逐渐失去土地和自然，甚至连干净的空气都变成奢侈品，这个过程人类失去了生命的根基和安全依赖。

如同心理学中的冰山理论，那些漂浮在生活表面的事物，永远都是庞大冰山的极小部分，真正遥控我们生活的是庞大的潜意识。如果看不到真相，就会像一只蚂蚁无法超越一个土块的高度，像一只蚕蛹无法突破一个茧壳的牢笼，人会无知觉地被局限在一个狭窄的认知层面，而这也是我们在遭遇到困境时看不到出路的原因。爱因斯坦说："我们面对的重大问题永远不能在产生问题本身的层次上被解决。"若要解决问题，我们必须探索未知，进入更高的层面。

在虹汇，我只是个引路人。我引领女人们弄清楚自己，知道自己是谁，用历史的思维读懂自己的过往，特别是幼年伤痛。它们被女人们放在心灵地下室，把所有讨厌的、痛苦的、恐惧的、未知的东西统统扔进去，然后“啪”的一声关上门，不再给予理会，其实它们从未消失，相反它们会在里面累积、发酵，以一种极其隐蔽的、无法觉察的方式来影响和威胁女人的生活。如果一个人一直不去面对这个地下室，无法觉察和接纳这个空间中的冲突，那么这些冲突就会在现实生活中演化成激烈的事件并给人造成痛苦。如果你不处理你心灵的阴影，那么它将会影响你和你的婚姻以及孩子，幸福将离你越来越远。

于是，女人们承担历史使命，发现真相，接纳父母的给予，勇敢穿越痛苦，了解家族集体意识的全貌，了解那些情绪、疾病、不安全感的来源，并试着去接触它们，使爱和它们在一起，这是让幼年伤痛离去最有效的方式。

接下来，她们每个人逐渐成为自己的疗愈师，这本书是她们给自己的礼物，也是给你的一份礼物，如同一张心灵地图，这本书将带你去深入了解她们蜕变的过程，探索她们内心最隐秘的痛苦和喜乐。终于，她们到达内心渴望的地方。找到心灵自由之路，取得感性与理性、内在与外在的平衡，从而成为一个个女人精，在生命的潮流中乘风破浪，而这一切是她们所应得的，是生命赐予她们的丰盛礼物，我只是一个见证者。

最后我们得出结论：成熟女人可以引领男人和孩子，男人无法承担此任，因为女人比男人进化得更高级，如同男人、女人都来自女人的子宫。男人永远无法理解女人有多么复杂。

本书故事朴实无华，没有华丽辞藻，更没有高深的理论。有的只是非常真实的生活场景。这里面有一个惊人的秘密，你会发现一旦家中有一个不懂事、没有长大的女人，甚至她一直与童年生活阴影纠缠不清，受苦的是整个家庭。

家中没有好妻子和好母亲，不是男人不回家，而是男人回不了家。我经常说孩子是天使，他们的使命是运用不良行为唤醒父母，推动母亲真正长大，站在妻子、母亲的位置上。

如何看清自己、读懂男人？如何养好孩子？如何控制我们的负面情绪？如何解决两性关系中的纠葛和困惑？如何成为一个有能力引领家庭文化良性循环的女人，去缔造和谐、喜悦的家庭文化传统？最好的学习和成长就是有个好的参照范本，这就是我们出版《女人精女人经》的目的，这里有很多你可以参照的范本，我们期望每个人都成为自己的疗愈师，成为自己生命的掌舵人。如果你寻找的不是一个能救赎你、可依赖的外物，而是自己的心灵力量，那么这本书，就是为了你而存在的。

女人，天生就伟大！

周 虹

2014 年 12 月 6 日

目录

序 /1

“做公主”是一种病 /1

告别“河东狮吼” /16

闹夜女人变形记 /31

“闭嘴”之后，无言的歌 /41

好　命 /56

化茧成蝶 /69

长　大 /84

穿着成人外衣的小女孩 /99

恋爱中的女人最美 /111

给老公洗脚 /123

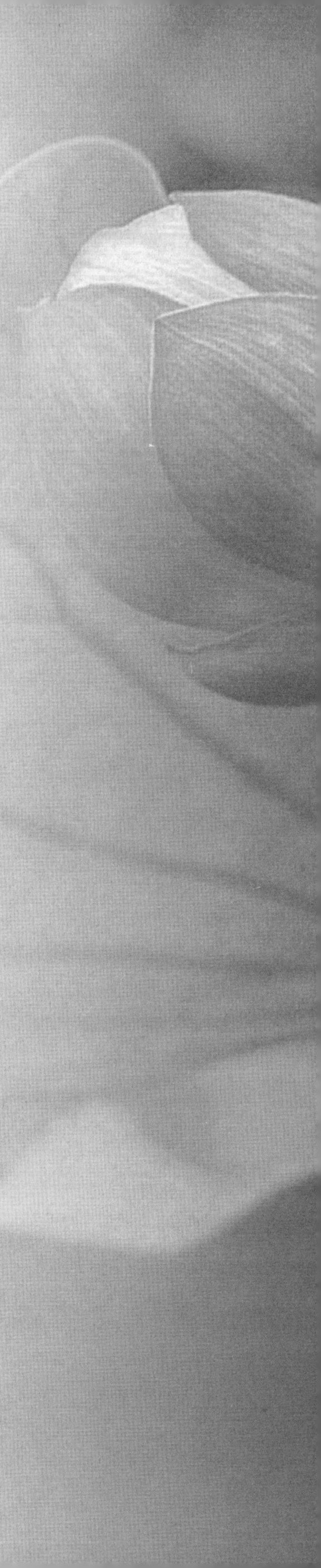

小女人，大女人 / 136

迷路的女人 / 147

“逃跑”的老公回来了 / 163

脱掉受害者外衣 / 177

重　生 / 188

单亲妈妈的幸福 / 203

以优势为主线生活 / 214

负念，引爆伤害 / 224

原来我一直深爱着他 / 235

我的老公我做主 / 245

“做公主”是一种病

婚姻中的冰冷公主

从小到大，我一直是同龄人羡慕的对象，漂亮、勤奋，在自己的天空下做最好的自己，像公主一样生活着，时间长了，我形成了冰冷、高傲的外表。

20岁那年，我认识了肖雷，他身高1.76米，气质儒雅，长得有点儿像香港明星温兆伦。那是一场青年联谊会，刚刚从学校毕业的我表演了一支独舞《彩云伴海鸥》。伴着优美的旋律，肖雷坐在台下看得入迷，心里萌生出一种美好的情愫：这个女孩儿太美了，这辈子能跟她生活在一起，该多好啊！

后来肖雷实现了他的梦想。那么十几年以后公主的生活状态是什么样呢？

生理年龄与心理年龄严重不相符！典型的公主心态。我就像是一个冰公主、睡美人，不食人间烟火，活在自己的梦幻世界里，幻想如童话中描述的那般跟英俊、威猛的“王子”一起浪迹天涯、游走四方。而肖雷呢，老家在外地农村，学历不高，一个人在陌生的城市打拼扎根，靠自己一路走来，理性、现实、求平求稳。面对肖雷，我曾认为他是块鸡肋，食之无味，弃之可惜。肖雷一心对我好，他喜欢摄影，周末就骑着自行车载着我穿梭于大街小巷、公园湖边，用镜头记录我青春的每一个美好画面，并用心制作冲印出来。他不善言辞，但这份爱实实在在。

我不擅做家务，婚后肖雷一手包办，把我照顾得衣来伸手，饭来张口。怀孕那阵儿，肖雷常常在小区里提着吃的喝的，打着遮阳伞跟在我身后，我则信步闲庭。在家里，所有的事情必须合我的心意，有一点儿不合心意，我马上就跳起来了。肖雷的心啊，天天都是悬着的。本来好好的，肖雷都不知道我接下来一秒到底会是什么样？就像我们经常说的“六月的天，孩子的脸，说变就变”。我高兴了，身边一片笑声；我不高兴了，家里立刻乌云密布。当压力、焦虑、疲惫、烦躁、郁闷这些负面能量在体内郁积，找不到一个宣泄的渠道，我就会找事儿。这种时候对肖雷来说是非常受折磨的。比如说我们开车去一个陌生的地方，肖雷走错路了。正常情况下应该两个人商量，一起找路，可不知为什么我会一下子就生气了，搞得他不知所措，本来高高兴兴的心情瞬间就没了。肖雷特别包容我，他说：“你是和我在一起，换了任何人，你看能不能包容你！”

所以，我一直没有真的长大，30 多岁了，心理年龄可能还在十几岁。在自己的婚姻中轻松、散漫、依赖、任性、为所欲为；有了孩子，对孩子强势、急躁，与孩子的关系是剑拔弩张。我整个人是单薄的，这么多年就像一本很薄很薄的书，书中写的净是不懂事。情绪摇摆不定，偏激；不包容，只懂发脾气；不愿意付出，无法感受爱，也无法爱自己。肖雷说过这样一句话，足以表明他的无奈：“我们家养了两个孩子！”的确，他就像养了两个孩子，一个女儿，一个儿子，而且这个姐姐还不让着弟弟。我的不成熟、不懂事、偏执、单纯、幼稚一次次伤害他们，我却一点儿也不知道，完全沉浸在自己的情绪里面。孩子不快乐，肖雷不快乐，其实我也不快乐，一直奢望有更理想的婚姻生活，不情愿接受现实生活。

这时我读到了一篇文章，故事里的主人公跟我的心境一模一样。我遇到了一个很爱我的人，他无微不至的呵护和爱恋，让我感受到被爱被照顾的喜悦。我一哭，他的心就碎了，会第一时间出现在我面前；我痛，他似乎比我还痛，一边说着心疼，一边紧紧守候在我身边；我孤单，他会立刻放下所有的事情，揽我入怀，百般温情……我不需要做任何努力，他就那样爱我，在他眼里我本身就那么完美，那么值得被照顾。

然而，没有人可以任性一辈子。随着孩子的长大，我和孩子之间的对抗情绪也愈发突出，我常常对孩子大吼大叫，肖雷心疼孩子，又拿我没办法。于是，肖雷选择了逃避、远离，他开始离我越来越远，下班晚，出差多。不知不觉中，我哭，他不再会心碎了；我痛，他不再是第一时间出现并给我一个拥抱，他用冷漠和逃离来对待我；我孤单，他不再有耐心听我诉说，而是烦躁地说着他也有自己的痛，也有自己的需求，也有自己的无奈。我的世界突然之间全变了，一下子从天上掉了下来，我这个公主没有人管了。我很绝望，开始认为那种叫作爱情的东西和那个叫作“爱人”的人渐渐地不见了……我很迷茫，带着这种深深的痛苦我来到了周虹老师身边。

成长中的魅力女人

在周虹老师的引领下，我回顾了自己 0—18 岁的生活经历，恍然发现那时的一帆风顺让我有种优越感，拒人千里之外，不关注别人的需求，不关注别人的爱，甚至对别人的爱完全没有回应。

在虹汇学习的最初日子里，周虹老师犀利的话语彻底颠覆了我的自我认知:“你还是个高傲的公主。到现在为止,你还把自己当成想象中的公主,公主的架子放不下来。真正的公主是要能穿粗布裙,也能戴皇冠的,那种公主才会被百姓爱戴。你现在一直凌驾于百姓之上,根本没有靠近老百姓。套用大家说的最难听的一句话——端着!有啥可端的?你也是一个普普通通的女人啊,干吗要端着呢?现在你第一个课题就是真诚,以后要学说人话。”

周虹老师一针见血地指出:“过去男人也不成熟,他以为公主都不能拉臭臭。你先生见了你就是那种感觉,‘她就是我这辈子的梦想’,但娶到家才知道不是那么回事。随着他的阅历的丰富,他知道自己要妻子,不要公主。你要修炼了,成为一个有魅力的女人。你本身条件好,又温柔、性感,那才叫完美!”

周虹老师还毫不客气地指出我的软肋:“人生总是这样,你冷漠了人家十几年,当你突然意识到他的重要性的时候,你也要花一段时间去追他。当初人家追你追得好苦,把你追到婚姻里了,你依然是冷漠。这个俊朗的男人在你的生命里十几年了,你都熟视无睹。这么多年你被人宠着,实际是害了你。不要再委屈了,擦干眼泪面对生活的挑战。我从来都把所有的困难当作调校我的能量。你也要修炼自己,就是你要的那种激情。现在你去追他,努力地去追他,拥有温暖他的那颗心,接下来你要的那种生活就真正来了,真正的白马王子与白雪公主的生活就来了。”

周虹老师的话让我读懂了自己的从前,明确了自己的方向——要完成冰冷公主到成熟女人的心路历程!

作为一个女人,我要潜心地修炼,了解生命,了解人性,了解男人,了解孩子。如果我读懂自己,读懂男人和孩子,接下来我就自由、幸福,不怕衰老,没有任何迷茫了。

“先让自己成为一个快乐的人。”周虹老师这句话和温暖的拥抱，让我暗下决心：从现在起，融化自己身上的坚冰，接纳为人妻、为人母的角色，蜕变为一个快乐而成熟的女人、温柔而贤惠的妻子、智慧而淡定的妈妈；崇拜先生，欣赏儿子，肯定自我；汲取正能量，塑造欣赏、鼓励、支持、肯定的家庭文化，成就全家人的幸福、和谐、美满、快乐！

我的成长就是从自我管理开始的。先承担起自己！管理好自己的身体、自己的内心。

情绪管理是我的第一课。周虹老师使我悟到：生活出现问题，一定是生活方式有问题。情绪出现问题，一定是行为方式有问题。情绪管理就是把以前的一种行为换成另外一种行为，即改变行为方式并在生活中将其固化下来。

周虹老师一再强调要运动！控制住自己的身体，才能控制自己的情绪。身体快乐了，心灵就快乐了！我把运动健身作为一种生活方式固化下来，随之而来的真的就是阳光快乐的心情。

我选择的第一项运动是游泳，在水中体验鱼儿的欢愉，释放体内的能量！买了泳衣、泳镜等各种装备，在泳池中我不知疲倦，一次一口气游800～1000米。我学会了蛙泳、自由泳、仰泳。在游泳的过程中，我完全专注于自己的目标，心无旁骛。瑜伽是很多女人必做的运动，看似拉伸、伸展的是身体，其实是在给心灵做按摩！舒缓的音乐响起，看着镜子中的自己，伸长胳膊，转动脖颈，内心涌起一个声音：“亲爱的，你有多久没有如此细腻地关注自己的身体了？你有多久没有如此快乐地舞动自己的身体了？”在这样神奇的体验中，我仿佛又找回了自己，内心愉悦，充满激情和力量。坚持，我的目标是：十年后，和周虹老师一样，“全身上下一张皮”。瑜伽让我深刻地感受到身体的痛，这种痛代替了心灵的痛。在虹汇禅修课程中，周虹老师引领我挑战了“束角坐式”。就是坐于地面，双腿向两边伸直打开，脊柱挺直，身体前弯至腹胸贴地。没有生硬，没有突兀，就在相信自己的转念之间自然而然地做到了。在全身趴向地面的那一刻，我领悟到“当下”的寓意：坦然接纳真实的每一天，欣然接受发生的每一刻。活在眼前，爱自己的身体，爱自己的内心。享受大自然恩赐的阳光、食物，珍爱生命中拥有的先生、孩子。开发心语，面带微笑，安静、吉祥……

所有健身项目中，我最爱的还是舞蹈！周虹老师说我缺乏性感，建议我练习肚皮舞。我在练习肚皮舞的过程中，感受身体是可以拆分的，随着身体的渐渐灵活，整个人也灵动起来。练习肚皮舞的女人，都是追求美丽的女人。有时会为了一个动作的准确，不惜挥汗如雨。我想起了周虹老师的那句话——“运动，是女人一生的保护神”。

靠近周虹老师，我才看清自己以往生活的浮躁，才感受到什么是女人沁人心脾的温暖。潜入生活的海洋，才能看到瑰丽的景色，放慢语速，放下完美，深度运动，潜心修炼。每周三次到健身房，运动已经成为了我生活的一部分。随着汗水的流淌，负能量也被驱逐出了体内。运动让我身心愉快，轻松愉悦。

情绪管理还有一个方法，就是清理。从周虹老师这里，我学到只要家里收拾得有序，内心就非常容易有序。我从最基础的开始做起，用一个月时间对家里一个房间、一个房间地进行深度清理。不用的、不需要的东西都送人。基础清理做完之后，有一天，我们全家人心情都特别好，我对孩子说：“亲爱的，我相信你，为了我们都保持好情绪，我们家的东西从哪儿来就到哪儿去吧。我知道肯定还要有一个慢慢适应的过程，但是得将所有的东西、物件都归位才行。”

内心世界也是需要清理的，和清理家里一样一兜一兜地把心理垃圾也清理出去。在虹汇参加的第一次催眠，我没有走进自己的潜意识。当时我还没有做好面对自己的准备，不想面对真实的自己，身心分离。又做了几次催眠后，我看到自己潜意识中还很留恋少女时代的生活，内心深处不愿长大。后来，我就跟自己“坐了坐”，跟自己内心对话，向内心那个不愿长大的小女孩告了个别。通过这种仪式性的告别，我告诉自己要真的承担起为人母、为人妻的角色了。

周虹老师给我做过的一个“大手术”是关于内心吝啬。这对于我来说绝对震慑。我怎么会跟吝啬联系在一起？我觉得自己可大方了，从来没有想过占别人便宜啊，我怎么会吝啬？每个人都不愿承认自己是小气之人。可如果我告诉你判断一个人是否吝啬，是看他（她）有没有给予别人幸福……当从这个角度重新审视自己的时候，真的会有不一样的答案。一个不愿付出的人，就是吝啬的人！自结婚以来，我不喜欢做家务，生活上完全依赖丈夫，从没想过为肖雷做点什么，一直是要、要、要，要到爱人想要逃。行为上吝啬，语言更吝啬。发飙、任性，我是高手，爱的、赞美的语言完全没有。我一直都傲慢地生活着，不关注丈夫的需求，不关注他的爱，甚至对他的爱完全没有回应。是的，我对自己吝啬，对丈夫也是吝啬的！我从来没有在内心深处深深地表达过对自己的爱！我也从来没有对肖雷毫不吝啬地表达过我对他的爱和赞美。回顾以往，我对外宽以待人，对内苛刻挑剔，实在是太不成熟了。在清理内心的过程中，我明白人生格局中需要的是大气而不是吝啬！最可怕的小气，是始终抱怨他人，自己永远不思悔改！

我若盛开，清风自来。如果希望得到幸福，首先自己要大方施予！

关于吝啬的一切想通之后，我开始专心关注肖雷的喜怒哀乐，最有效的互动就是利用微信。他在朋友圈里发歌曲，我会回文字“很好听，特别符合此刻心绪，陶醉”；他发养生，我夸他“养生好，爱自己”，他会回复我“我们一起来”;他发搞笑视频,我回复“呲牙”的表情。有一次,他发了一首诗,说“让人泪流满面”,我就回复了两个泪流满面的表情符号,肖雷回我:“看你真哭了呀!”现在,肖雷每天忙完,就赶紧看微信:老婆又回复了没?回复了什么?一看我的评论,他立刻就感到膨胀、满足、开心!自己在那儿傻乐!别人还纳闷,他天天对着手机乐啥?我在微信上给肖雷起了个新昵称:小乳猪。因为他这段时间吃胖了,男人一胖就胖肚子,白白的、圆圆的,可爱!现在他一更新,我的朋友圈就显示:小乳猪更新了!在肖雷的微信里,我的昵称是“my darling”。这其中的甜蜜只属于我们俩!

经过这样的清理,仿佛自己身体里的细胞都更新了,生命焕发出一种新的生机。

在运动、清理坚持了半年之后,心灵也开始丰盈。一个冬日的午后,我完成了1000米的游泳运动,一身轻松,几天来堆积的负能量全面清空。突然间对周虹老师所讲的“纯粹”有了感悟。生活中不断遇到不同的人、不同的事,做个纯粹的人,以不变应万变,一定简单有效!做个纯粹的伴侣,读懂并照顾好自己的爱人;做个纯粹的妈妈,关爱并保护好自己的孩子;做个纯粹的女人,过好、打理好自己的生活。让自己的心健康、快乐,永远是第一位的。做好做足自己,永远是最重要的!新的一年,做个简单纯粹的女人!

清理之后,就是修练成熟女人的形象——神秘、高贵。

周虹老师常问我们:“你们能用美丽、漂亮、魅力、诱惑这些词来形容自己吗?”以前我不喜欢在外表上引起别人的关注,不想被别人视为“花瓶”嘛!但是来到周虹老师身边,我改变了。作为女人,就是要给这个世界带来美!都说女人如花嘛,我就想着怎么让自己绽放!

在周虹老师的点拨下,我意识到自己原有的穿衣风格定位是错误的。

刚加入虹汇时，我是齐刘海儿，衣着统统都是小圆领、蝴蝶结、小裙子之类的。周虹说：“从你第一次进来，所有的装束十几岁的小女孩儿都完全可以穿。不要再装小女生了。怎么着？走在大街上还允许别人去追求追求你？假扮小女生？是个妈妈了，就应该是个妈！要成熟，不能假装自己天天还是个没嫁人的小姑娘。只要是这样，就说明做女人、做母亲心浮气躁，做不好。要从形象上神秘、高贵起来，爱自己，让自己变得赏心悦目！”

老师点醒了我。30多年的生活阅历和习惯，让我始终怀着一颗少女之心不想长大，想让别人宠爱着照顾着，不想有所承担，不接纳为人妻为人母的角色。那么，我的先生、我的那个小娃娃，谁来照顾？

我在虹汇感受、尝试成熟女人的形象。周虹老师经常为我们安排丰富多彩的活动，有酒会、演唱会、T台走秀等。为了适应这种场合，我开始添置旗袍。在自己的记忆里，上一次穿旗袍还是童年时期。30多年一直没再穿过，现在开始感受旗袍带给一个女人的不一样的感觉。在周虹老师的演唱会上，随歌曲风格的不同，我看到了她的火辣、她的温婉、她的深情、她的神秘……我们为其中一首歌曲《夜来香》伴舞。周虹老师的声线有很多种，她的服装也千变万化。在伴舞的过程中，歌声响起“那南风送来清凉，那夜莺啼声细唱，月下的花儿都入梦，只有那夜来香，吐露芬芳……”在这旋律中，我身着旗袍，手拿香扇，轻歌曼舞，摇曳生姿，仿佛穿越了一般。和周虹老师在一起，自然而然地成了一个百变女人，成熟、神秘而又高贵。

我报了形象课，学习色彩和服装的款式、搭配，找到了适合自己的色彩类型，服装、形象开始有了很大改变。我懂得了随着年龄的增长，裙子的长度要做加法。在一次虹汇活动中，周虹老师点评我：“现在的你，坐在我们面前就是一个成熟的女性形象。”我自己也真真切切地感受到了！一年前，我的外表就是一个青涩的小女生、小公主，内心亦如此。在虹汇的第二个夏天，我衣柜里面的及膝短裙全部更新为长裙，在空调房里也不担心冷气侵入膝关节了。

不知从何时开始，我拥抱了幸福生活！

清晨把家整理得干净有序，把自己收拾得精致，绿色的长裙配一件白色的外搭，把衣服对角打成一朵玫瑰。走在上班的路上，微风吹过，长裙飘飘，步履款款。好好爱自己，深层次了解自己的内在需求，料理好自己的衣食住行，方能感受到他人的真正需求，然后把这种自爱的模式泛化在先生、孩子身上就可以了。

男人贵在有三点：生活从容不迫，事业游刃有余，性格幽默温和。这些，肖雷都具备。渐渐地，我心里对他满满的都是爱和柔情，他就是我眼中的极品男人、白马王子。我还要读懂他，懂他的爱好、他爱吃的菜、他的面子、他的家人……从他的每一根头发丝到每一个细胞，以他喜欢的方式去爱他。以前肖雷出差，他人还没走，我就会问什么时候回来啊？家里一有什么事，孩子一有什么事，我首先想到打电话给他。现在我懂他了，他需要我默默支持他，让他安心在外打拼。终于，我开始心甘情愿地承担起为人妻的角色，纯粹、简单、真诚，精心准备一日三餐，假日还会别出心裁地制作出下午茶。每天把家里的地板弄得干干净净的，家里收拾得整洁有序，还会擦擦车。通过做这些，体会什么是生活的意义。肖雷出差回来，我都会让他评价一下家里卫生搞得怎么样，还有哪儿需要提高。他忙完了，会在我的每一条微信后面跟我互动。他回家了，抽油烟机干净了，车加满油了，家里多了一箱孩子爱吃的水果，他出差前还没来得及装电池的时钟又开始走了……我感觉特别幸福。其实这些事他一直在做，只是以前我没在意过。

我从外表到内心一天天成熟、丰富、温暖！我美美地爱上了现在的自己！

人的成长并不是直线上升的，遭遇低谷和瓶颈期是必然的。2014年7月，我的心里常常涌起一种失落和深深失望的情绪，沉浸其中不能自拔。

正逢周虹老师上公开课，机会难得，还可以邀请先生一起听。肖雷以工作忙为由，没有陪我去。看着其他姐妹和先生一起学习，我很羡慕。暑假期间，身边的同事、朋友纷纷带上孩子，全家出游，可肖雷连续好几个周末不是加班就是出差，眼看暑假都快结束了，我很不满。肖雷的工作性质就是越在重要节假日，越不能休息。想想这一年我付出了这么多，一个人撑起了所有。去年暑假，我一个人带孩子去玩；去年国庆，也是我一个人带孩子去了三亚。这在以前是根本不可能发生的事，我一次次挑战自己。可这个暑假，我真的要撑不下去了。我还想回归从前那个不用承担、不用成长的自己。我还想要肖雷围着我转，宠着我，照顾我，但我感觉那种日子一去不复返了。一想到这里，泪水夺眶而出。

我知道这么多年肖雷也不成熟，一直围着我、围着家，为我遮风挡雨，最终把我惯坏了。现在肖雷也在成长，他很享受这种新的生活模式，他终于可以有更多地时间去做自己想做的事。肖雷加班、应酬、出差，把更多的精力放在事业上，似乎要把以前欠缺的全部补回来。肖雷为我撑了这么多年，包容了我这么多，我该为他撑把伞。可为什么现在我还是想把“伞”交还给他？难道当公主是一种病？我这一年做了这么多，不就是想更幸福更快乐吗？为什么我依然不快乐？为什么现在我没有得到我想要的呢？

周虹老师仿佛有第三只眼，她感受到了我这种深深的痛苦。周虹老师对我说:“一年前我告诉你,你的成长是为了你快乐,为了你无论如何都能活得快乐、有价值、找回你自己。你为什么失望?因为你所有的期待还是为了他,你期待他成为你想象中的那种男人,怎么可能呢?要再次坚信成长是为了自己,不是为了别人!”

“你有一种消费者心态,好比买了一个人回来,他就要按你的标准来做。但现实是你嫁了一个人,他不可能完全按你的想法去做,所以你要继续修行。”当夜深人静的时候,我一个人回味着周虹老师的这些话。我渐渐明白了:男人是简单直接的,他认为对爱的表达,表达过就够了,不必总挂在嘴边。所以男人很潇洒,该干什么干什么,该挣钱挣钱,该会朋友会朋友……而女人的痛苦来自于永远不满足,来自于根深蒂固的“公主病”。我开始反思自己这么多年的生活:我有情绪时,认为肖雷理所当然要为我负责,安抚我的焦躁;我不高兴时,认为肖雷理所当然要为我负责,哄我高兴;我感到孤独时,认为肖雷理所当然要为我负责,守候、陪伴着我。这么多年,我都在拒绝长大,拒绝为自己的人生负起责任。我终于看到这么久以来,在自己的潜意识里,为了让肖雷成为自己想象中的男人,内心深处还有那么多无形的期盼和要求。周虹老师的《另一半谜》的课程听了两遍,现在才跟自己对上号。

长大意味着放下所有对外在的期待。这些道理我都懂,但真正做起来时感觉太痛苦了。成长没有捷径,没有人可以代替自己一点点感受剥离之痛。这种痛是我从来没有经历过的,这是一种发自心灵深处的无助,让我一次次无缘由地痛哭。其实每次反思自己都很痛,包括现在的“我”去看从前的我都需要很大的勇气。即使现在成长了,内心深处的伤口还是会隐隐作痛。成长很痛,但不成长会更痛!我们身体的每一滴血液、每一个汗毛孔都是有记忆的,有一种习惯的渴望。在泪水一遍遍地冲刷心灵的过程中,我能真切地感受到自己体内新的生命源与旧细胞在斗争。自己在一个最艰难的坎上，过去的习惯在作恶，在拽着我说：回来吧！

我看清了自己，内心也安静了下来。我在思考修行的目的是什么。我们怎样能把女人做到极致呢？当自己成长是为了对方能改变，肯定会失望。因为这个方向根本就是错误的！只有成长是为了无论如何自己也要快乐，才不会失望。是注入新程序的时候了！

作为周虹老师的助理、虹汇导师团的导师，我开始认真准备自己的课件。我走进了郑州广播电台《亲子课堂》栏目直播间，讲述我的成长故事《女人必须长大》，周虹老师评价这期节目值得收藏。我收集了孩子从小到大各个阶段的精彩照片，运用周虹老师的理念来重新梳理孩子的成长经历，形成《望子成龙》精品小课，在周虹老师的大型公益课堂上，赢得好评。用成长代替困惑，在帮助别人的同时，我更加客观地看待自己、固化新的自己……

又是一个宁静的夜晚，我的心更加地释然了。悄悄地感受肖雷、孩子以他们喜欢的节奏生活，偶尔的小插曲由他们自己解决。我体会到了最亲最爱的人的放松、自由……每天肖雷上班，我都轻快地跑上前去给他一个深情的拥抱，他从当初的不习惯、被动接受到后来主动地张开温暖怀抱，揽我入怀，然后幸福满满地踏出家门。开发心语，胜过千言万语。有一天，肖雷深情地对我说：“你是我的港湾，安静、温馨、充满了爱……”

现在我的宝贝儿子阳光自信。这一年，他在《我的生活我做主》大型活动中自信地显示了生活中的成就；他走进了郑州人民广播电台，成为《小铃铛》栏目的特邀主持人；他在周虹老师的成长夏令营中，被老师评价为“充满勇气、有爱心、专注力强、有定力的男子汉”；他在美丽的德亿歌剧院，站在《亲子智慧嘉年华——周虹老师个人演唱会》千人大舞台上，与周虹老师一起领唱《最好的未来》！

一年的时间，我持续地长大改变。虽然生活中还会不断出现问题，但我不再纠结了。我明白幸福比完美更重要。生活不是变魔术，想要什么都可以变出来。即使我们做到了应该做到的，有时还会感到孤独，但孤独是种财富，是一种境界，不会享受孤独就不会享受人生！

虹汇的姐妹对我说："看着你温暖、宁静、有魅力，你已成为了这个年龄应该成为的女人！""好羡慕现在的你，成熟、美丽、有担当。"终于我要进入一个更深层次的修行——生命的自由。

当从最初的实践回归到理论，又从理论到实践中来时，我清晰地捕捉到，我想要的是快乐的感觉和心灵的自由与通透！幸福是自己的！活得平安、健康、喜乐，心安理得，毋须害怕或隐瞒什么，保持清醒和觉知，接纳目前正在发生在自己身上的一切！接下来，我会让自己生活得更加自由和快乐！更加细致地关爱自己，不悲以往，不惧未来，勇敢地挣脱生命中任何的羁绊，活好自己，静待花开，这对自己是最大的忠诚和圆满！

周虹老师点评

要你何用?!

这是多年以后男人们对下嫁他们的"公主"发出的质问。

女人心，应该美丽又强大。男人与孩子制造麻烦、痛苦让女人的心历经千锤百炼，他们是天使！

公主，婚前做做就可以了。婚后女人要有用！

人格是做人的格式，做女人也有女人的格式：温柔、可爱、有用、性感。单说有用，学问就大了去了，指的是懂男人、懂如何养育孩子，懂自己！

懂男人。要了解两性关系中的课题：什么是爱情、另一半之谜、男人格和女人格、婚姻的真相、夫妻情侣模式、性能量、不忠与伤害、错爱与命运、单身与再婚、永恒的爱与自由。

懂如何养育孩子。要完成为人父母的课题：情绪管理、0—6岁孩子的早期教育、爱上学习爱上写作业、如何养男孩女孩、发挥优势——孩子的成功之道、培养孩子成富人、人际即财富、性教育、家庭契约管理。

懂自己。知道如何让自己赏心悦目，了解适合自己的颜色、服饰类型。了解自己身体的优势和特征，对自我了如指掌，发现生命的潜力，承担起自己这辈子的天赋使命。

做足“女人格”，就由得自己；由得自己，即是自由。

告别"河东狮吼"

我曾像一只咆哮的母狮

客厅里,我又对儿子动粗。爱人忍无可忍:"你看看你!天天打!孩子都让你打麻木了!这样有什么用呀!"我先瞪了爱人一眼,又质问儿子:"你该不该打?"儿子"嗯"了一声。"那你哪儿错了?!"我连问十几遍却听不到任何回答。不是不回答吗?我接着打!打得手都麻了,儿子还是没反应……我,他的亲娘,下手怎么会如此狠毒?

12 年前,随着宝贝儿子的出生,我和爱人之间相敬如宾的关系被打破了。我越来越不堪重负,越来越想依赖爱人的帮助。记得宝贝满 3 个月时,开始不怎么喝奶,还拉带血的大便。我焦虑,特别想让爱人帮我解决问题。那时,社会上已开始流行一些所谓科学的育儿书籍。爱人买回几本,我们便照本宣科地喂养宝贝。但是,根本解决不了问题。随着年龄的增长,宝贝开始越来越频繁地生病,我越来越焦躁,爱人越来越不愿和我谈宝贝的情况……宝贝情况好时,全家平安无事。一旦宝贝生病,人手不够,爱人也会不耐烦地抱怨、唠叨,没有一句安慰和解决问题的话。想想我平日辛辛苦苦,他居然嗤之以鼻,如此对我,我真是又委屈又生气,整个肺都要气炸了,于是就越发声色俱厉地回击他,开始放开嗓门和他大吵,我发现只有用这种方式才能使他被迫同意我的想法……吵架成了我们之间处理问题的唯一方式,这种方式用的次数越来越多,仿佛自己真的是个狂吼的狮子……

不管如何,孩子总会慢慢长大。但随着时间推移,宝贝越来越不听话,做事越来越慢。我苦思冥想,走了许多的弯路。没有好的方法,就开始斥责加暴打,久而久之,这些成了家常便饭。我时常要求宝贝规规矩矩地坐下来听我给他讲道理,但他就是坐不直,十问九不答,急得我咬牙切齿,抬手便打。

那时,整个家都弥漫着愤怒的情绪。爱人看不惯我这个样子,而我对爱人的意见也越来越大。我发现,只要他不在家,宝贝既主动做事又比较听话。相反,他一回来,孩子就懒散起来。我觉得这都是他的错!

有一天,我问宝贝:“我发现只有咱俩的时候,咱上学都能早到,你也早早自觉起床。爸爸回来,你怎么就做不到了?”

宝贝想都没想大声说:“爸爸一回来,我就觉得有人照顾我了,想让他给我穿衣服。”

听了宝贝的这番话,我无奈极了。我想,在孩子的教育方面我是培养良好习惯的建立者,而爱人就是把好不容易培养建立起来的好习惯无情毁掉的人。培养一点好的行为习惯是那么不易,而他一回来,这些在顷刻间就瓦解。从此,教育孩子的分歧逐渐使我们夫妻变得针锋相对。我和爱人之间的争吵、相互之间的伤害成了我们生活的主旋律,我的嗓门也越来越大,声嘶力竭,犹如一头猛狮!我一再地要求爱人不要再跟在孩子的屁股后面给他掂衣服了,不要再给他夹饭菜了,不要再给他盖被子了,不要……

然而,爱人依然故我。他担心宝贝晚上睡觉会蹬被子而感冒发烧,为了方便给宝贝盖被子,干脆搬到宝贝的房间睡觉。就这样,对宝贝来说,妈妈是又打又骂,爸爸则是为他“拎包提鞋”的。我和爱人走到了几乎难以沟通的地步，相互之间一说话就有一种火药味，谁都知道对方嘴里说不出什么好话。即便是真有什么新的感悟，想好好地沟通交流也做不到了。

一天晚上，我看到一条信息：当你只注意孩子的行为时，你就没有看见孩子；当你关注孩子行为后面的意图时，你就开始看孩子了；当你关心孩子意图背后的需要时，你就真的看见孩子了……

我仿佛突然明白了问题的所在：当时，宝贝经常不告诉我们他去哪儿，早晨出门，下午还回不来，或是下午出门，深夜也回不来。每个星期都有两三次要找孩子。这行为背后显而易见的原因是玩电脑。之前，我大概知道宝贝玩电脑，但我不愿承认，也不认可他去玩。不是真的不知道，而是那些是我不想看到的，更不知如何应对。正是由于我不知所措，才会对宝贝这些意图及需要视而不见。现在的这条信息为我拨开了“迷雾”，让我看清真相。早晨吃过饭后，我急切地要把这些心得分享给爱人听，期望他能赶上我成长的步伐。这时，爱人一切准备就绪，等车来接。我知道他时间不多，可又想和他说说我的心得，这需要时间啊。

于是，我开腔了：“哎，想和你说点事吧，可你哪儿顾得上呀！等你有时间再说吧。”

爱人说：“你说吧！”

我正开口要说，爱人的手机响了。我脸色极不好看，说着说着，我的情绪上来了，把他一早晨是如何盯着孩子的一举一动的，喋喋不休而又烦躁地说了一遍。爱人出门时回了一句：“我要是坐1个小时，你能批我1个小时！”

本想和爱人沟通如何与孩子沟通的问题，可不但没谈通，却让爱人又一次觉得我是那么不可理喻。看来，我们真的黔驴技穷啊，怎样才能给宝贝一个不吵不闹的家呢?

我带着自己的问题走进了虹汇,向周虹老师靠近。

尊重老公,找回女性的温柔

这位老师确实如同传说中的匪夷所思。本希望她能给我一个清晰的解决方案,可是,没想到周虹老师当头却撂给我这样一句话:“娶了你这样的女人,真替你爱人委屈得慌。”我完全懵了,接受不了,心里难受啊。

其实,生活中爱人有时会觉得配不上我,我也感觉自己很不错。但周虹老师却这样评价我们,我感觉不对劲,不知道老师的意图到底是什么?周虹老师一再强调:两性关系是亲子关系的基石。我也曾经想方设法让我们夫妻的关系能融洽起来。但是如何教育孩子的分歧依然存在,我们的争执停不下来。不过,确实不能再吵再闹了。

听周虹老师的吧,可是,在虹汇成长绝非易事。周虹老师不断给我“做手术”,旧的伤口没有愈合,老师还不断揭我的新的伤疤,我经历了“觉察自己的问题——改变形象——闭嘴——勇于承担——等待——树立爱人的权威”这几个阶段,终于让家安静下来了。下面,我将给读者朋友一一道来。

每次上周虹老师的课,我都想解决一些具体问题。可是,周虹老师却毫不客气地指出我太自我了,太想掌控家里的人和事了,不愿放下自己。我疑惑,自己是这样的人吗?我从来就是考虑别人在先,与人为善。在单位,群众基础好;在婆家,不争不闹,多吃亏少占便宜。我怎么可能是周虹老师所说的那样呢?直到周虹老师提到,两性关系中,男人是天,女人是地,女人应该放下自我,崇拜自己的男人。崇拜?!我从来没想过夫妻之间的关系应是女人崇拜男人，我一直认为双方应该是平等的。但宝贝的问题终于让我明白了周虹老师说的是对的。

宝贝有股天不怕地不怕的劲头，许多家长都羡慕我家宝贝有这个特点。这应该是个优点吧。可这优点也让宝贝不顾及任何的权威，说话做事不知收敛，显得对谁都不尊重。一直以来，我也不知该如何引导宝贝。有一天，我们全家在看电视。爱人对所看到的内容发表自己的观点，并借机教育儿子。我当时对爱人的观点很不赞同。但毕竟跟着周虹老师学习了一段时间，语气不再是那么烦躁，而是平静地说出了我的观点。当时宝贝就立刻回应说："嗯，我妈说的对。"其实，像这样的情景在我家里是时常发生的。我常常会以不容辩驳的口气说话。其实，我的潜意识认为自己代表着"正确无误"。正是当我觉察到这一点时才发现，我再这样下去，就无法正确引导宝贝的，我在做一个坏榜样！我从来没让宝贝看到过什么是尊重。我必须改变自己，正如爱人常常无奈地提示我说："你在孩子面前，能不能不数落我？"而我为什么总做不到呢？当我想做到，但又陷入做不到的痛苦中时，才慢慢意识到这就是不崇拜爱人带来的后果。我一再对爱人提要求，就是对家庭权威的挑战和不尊重！我是让宝贝生活在一个怎样的环境中啊！

我不但在内心认为应该与爱人地位平等，就连外形都追求老成干练。刚上周虹老师的课时，她用"冷酷""麻木""磐石"来形容我。可对这些话，我几乎没怎么往心里去。因为，一直以来，不论是我的亲戚，还是我的朋友都认为我很真诚、很贴心。我不在乎自己的外表。直到有一天，我才发现，我的外形对宝贝是有影响的。

为了给微信上传我的头像，我特意买了化妆品，随即化了妆，想让儿子给我拍几张大头照。我笑着走到儿子面前。儿子抬头一看，随口说了句："妈，你这是干什么呀！你现在也搞这乌七八糟的东西！"我当时很震惊。现在,女性化妆是多么平常的事啊。宝贝儿子已经看不惯了,我从来没想到我的素颜会给儿子造成这样的影响。总是素颜的我可能会让宝贝对化妆的女性产生误解,我不禁感叹身教重于言传。我想自己不能再这么误导儿子了,下定决心要天天化妆。开始的几天还行,可时间稍长一些,就懒得去化妆了。我开始反思素面朝天的根源。原来,在我内心就认为不必化妆,不必凭此博得爱人对我的好,难道我还需要做“女为悦己者容”的事吗?

记得初入虹汇课堂,周虹老师曾经给我当头一棒,说:“你不像一个妻子、一个母亲,甚至都不是一个女人。”怎么可能?我太不理解周虹老师的判断了,她说我是个“中性人”。当我平静下来后,也在反问自己,你凭什么就不做为悦己者而容的事呢?凭什么不注重自己的形象呢?后来得出答案,一方面我内心不重视爱人,另一方面自己不欣赏作为女人的美。

我为什么会缺乏女人的美,变成了一个“中性人”呢?在剖析原因时,我陷入了深深的痛苦,想起有两个原因使我变成这样:一个是自己原生家庭,一个是我自己。我妈妈是个爱打人又能说会道的人。小时候我身上总是青一块紫一块的。妈妈还常常会莫名地说哪家的姑娘是多么的没德行,跟着男人跑了,或是做出见不得人的事儿了;女儿家要守本分,别把自己搞得像个妖精似的。从小,我和姐姐朴素得只洗洗脸、刷刷牙就算是打扮了。即便这样,妈妈还在不停地给我们念紧箍咒。不过,即便是这样,我仍然喜欢说笑、交友。长大后变成今天这个样子,完全是因为我自己。刚结婚时,我和爱人是两地分居,为了不让爱人担心,我自愿答应他提出的要求,不打牌、不跳舞。他不喜欢我与异性说话,我就很少接触异性。他觉得我没必要有什么社交活动,我就不再和同学、老师们联系了。宝贝出生之后,我身体也很不好,连续几年不能正常活动。我想，人们都说孩子在0—3岁时要多陪，这一段会决定孩子的一生，这么重要的阶段，我就再熬一熬吧……就这样，我，把自己给丢了！

就像周虹老师在“智慧亲子嘉年华”活动中唱的那样：“每一次，都在徘徊孤单中坚强；每一次，就算很受伤也不闪泪光；我知道我一直有双隐形的翅膀；带我飞，飞过绝望……”我知道，我不应该是现在这个样子，隐藏在我身体内的女性能量应该释放出来！

周虹老师是个美丽的女人，虹汇是一个美丽的场所！我也要把自己打扮得美丽起来。先是给自己平直的短发做了纹理，接着逛商场买衣服。边逛边感慨：我们家已经是十几年一个模式了，一年去商场两次，冬季一次，夏季一次。买衣服的唯一目的就是穿，一要耐穿，二要好洗。衣服的颜色不外乎黑、灰、棕三色。这次，我买的都是明亮的浅色。我的衣橱里的色彩立刻变得丰富起来。我还订做了不少的裙子，这可是我十几年没穿过的东西。穿裙子对一般的女士来说，应该是顺其自然的事情，可一直自称勇敢的我却不敢穿裙子走在大街上。在周虹老师组织的一次“品酒·养心”活动中，我终于突破了自己。

那天，周虹老师要求我们穿裙子。我该怎么办呢？还是穿长裤吧！我把裙子装进包里。周虹老师和姐妹们都到了，个个长裙飘飘，好不动人！周虹老师看到我，我紧张地说：“我带裙子了。”周虹老师温柔地说：“去，赶快换上，记住，把袜子也脱了。”我换上那条淡湖蓝色的长裙，内心忐忑不安。周虹老师和姐妹们看到我，都夸裙子颜色好看、款式好看……那天照了许多照片。

回来后，仔细端详照片，热泪盈眶。真不敢相信那就是我，端庄，静雅。我开始揣摩周虹老师与姐妹们的举手投足，回忆她们的温言软语。这才是女人呀！我不敢怠慢了。仔细整理自己的衣物，把过去的衣服统统收起，换上新的，连家居服也不例外。要有什么活动，我会提前试试衣服，穿上之后，让爱人把关、拍照。以前，爱人对我买的衣服很少有满意的。而这时，我发现每穿一件，爱人都会说：“好看！”原来，做个“爱美”的小女人，比做一个“坚强”的女人好受多了！

我这个小女人也开始关心爱人的穿着。我发现爱人在家也穿着上班的那一套，很不舒服，于是，我买了莫代尔面料的睡衣睡裤送给爱人，还嘱咐他在家就换上。我喜欢看爱人穿上柔软的睡衣睡裤。有一天，等爱人换好衣服，我就把他拉到镜子前。镜子里我和爱人笑盈盈地站着，我们都穿着休闲的睡衣睡裤，人显得格外轻松自在。对着镜子，我的嘴角故意翘着，爱人看着轻轻笑出声来，我又使劲地睁睁眼睛，他乐得一把搂住我的腰，头从后面贴过来，对着我的耳朵轻声地说：“你以前就是个好女人，现在是个了不起的好女人。”“有分别吗？我一直就是个了不起的女人吧？”刚说完，我心里就有股小惭愧，爱人也不示弱，得意地说：“我不管以前，主要是现在，我感受到了。”爱人拉着我的手走到客厅。那里洗脚水已经准备好了。四只脚泡在盆里，四目相对。我突然感慨，眼前的这位男士风雨无阻地为我准备了20年的洗脚水，只要在家，他就忙个不停，总想让我能少干活，对我百般呵护。了不起的是我眼前的爱人，他是我该爱该珍惜的。我拿起擦脚布，就像抢到了荣誉，铺到自己膝盖上，把爱人的脚抬上来，用布细细地擦着。爱人享受地说：“嗯，真舒服，好好擦。”“嗯，那你一会儿也要好好地给我搓背哟！”不知从什么时候起，有了睡前让爱人给我搓背的习惯。我和爱人舒舒服服地躺在大床上。月光照在爱人的脸上，我能清清楚楚地看见他微笑的嘴角。我不自觉地用手来回拨弄他的下巴，时不时用手点点他的鼻头，爱人则用臂腕紧紧地搂着我。我们相互诉说这一天里思念对方的分分秒秒……

形象改变了，与爱人关系也有改善，这让我有了更多的动力学会说话，不再粗声大气、大吵大闹。周虹老师一直都明确地告诉我们虹汇女人要崇拜爱人、不吵不闹、降低摩擦、口吐莲花。有的姐妹执行得快，收效也快；有的执行得慢，取得收效和成长就慢。我属于较慢的那种，经历的时间就长一些，给自己带来的困扰也更多一些。

在这个过程中，我体会到处理好和爱人之间的关系有一条不变的法则——首先要闭嘴。

不闭则已，一闭才发现，我的天，爱人是如此的唠叨！如同照妖镜，太可怕了，原来我以前就是这个样子啊！心想：一个大男人怎么婆婆妈妈的。心里憋着一股子怨气，又不能说，真是难受极了。实在受不了，向周虹老师求助。周虹老师一方面提醒我，对孩子说教是没有用的；另一方面肯定爱人的进步，他已经是进步了，让我不要再要求那么多了。听了周虹老师的话，心里似乎又有了方向，那就什么也不求了，加强自己的学习和修炼吧。我舍不得放过任何一个学习的机会，舍不得放过任何一个活动，在"闭嘴"这件事又上了一个台阶。

一次课上，我问了周虹老师一个问题：闭嘴和冷战有什么区别？周虹老师娓娓道来："闭嘴了，到了晚上睡觉的时候还能相互之间亲吻拥抱，就是闭嘴。可如果嘴闭上了，到了晚上谁都不理谁，那就成冷战了。"周虹老师说得十分清楚，也解决了我的困惑。原来如此，我就是在闭嘴的同时不知不觉地连理都不想理爱人了，所以收效甚微。

随后的几次课，周虹老师提出了闭嘴的更高境界：闭嘴，但不能有抱怨和愤怒的情绪。对于我来说，这绝不是个方法的问题，不继续放下自己，不心甘情愿地崇拜爱人就很难做到闭嘴。

我为什么会不断地去要求爱人，并产生不满呢？

为了想清楚这个问题，我反复聆听了周虹老师《亲子课堂》节目录音。周虹老师说,婚姻中的男人与女人应该相互成长,不该相互消费。爱情不应止于结婚那一刻,爱情是优化生命的过程,让我们变得更加的智慧,内心更强大,并最终走向幸福。听周虹老师的课,和姐妹们分享,让我释放了许多的小我。周虹老师讲的许多理念开始汇聚到一点上——我开始下决心去承担。

首先,承担起教育宝贝的责任。男主外,女主内。周虹老师具体而形象地解释了这一观点:女人引领家庭文化;女人是家里的定海神针;女人能明确告诉自己的爱人:你好好在外打拼吧,把家交给我,孩子的教育由女人来负责……

有一天,感觉爱人的心情还不错,我说:"你在外面也挺忙挺累的,就把教育孩子的事交给我吧,你相信我。""行!"爱人回答得很快。

从这之后,我发现自己对爱人的要求少多了,家里的争吵也少了。闭嘴的同时,可以没有什么抱怨和愤怒。在爱人与宝贝间有冲突时,我可以是个默默的化解者,不会再火上浇油了。

一天晚上,由爱人提议,我们全家下楼散步,边走边聊天。结果话不投机,爱人对宝贝发起火来。我一看,不对劲,爱人的脾气上来了。我先是默默地听着,等爱人发过火后,我赶快走到他俩的中间,一手挽着一个说:"咱们边走边说吧。"一边的爱人没有继续发火,另一边的宝贝也没有拂袖而去。那个夜晚算是平安度过。我也从中感受到了不带情绪闭嘴的力量。

其次,是承担起抱怨和指责。告诉爱人我来负责孩子的教育,让我的内心起了很大的变化。

双休日的一天早晨5点多,爱人要回老家,临走时对我说:"你好好陪陪孩子,你看你忙得连饭都不能正常吃。"我说:"你把孩子带回老家,也让他帮帮忙吧。""家里有个工地,上面设备又大又重,还得操心他,他没准还会躲在哪里玩手机呢!”爱人很有他的道理。我心想:“你总也舍不得用一用孩子,不是护着就是催着,你这样,凭什么对他有那么高的期望。”可这是伤人的话,又何必说出来呢?话到嘴边又咽下。也就是在那一刹那,我仿佛灵魂出窍,眼睁睁地看着我和爱人。我的躯体就静静地呆在那里,我的灵魂在说:看见了吗?站在你面前的这个男人是多么劳累、疲倦、焦虑,你怎么还能要求他去体会、理解、满足你和你的宝贝,这个人连他自己都照顾不好了,就让他说吧,你只要微笑就可以了。

那天,我给做好的午饭和晚饭都拍了照片,通过微信发给爱人,好让他安心。从这次之后,我发现自己不怎么去接爱人唠叨的话茬了,能安静地、不烦不燥地听他说完。爱人在听我说宝贝的事时,也很少打断。我们之间的沟通比之前顺畅了许多,相互之间的关心也多起来。

能闭嘴安静下来,心也不乱,真是有许多的好处。它让我的关注点更多地放在怎么样才能达到目的上,也让我思路开始变得清晰。我自知能力有限,让爱人完全支持我的理念有些不现实,但他又始终不能放心宝贝的事。爱人确实需要学习。如果他能多接触和认同我所秉持的理念,我们在沟通上岂不更容易些?主意有了,可怎样才能让爱人也学习学习新理念呢?我给自己定下几条:首先,不能急,要等待时机。现在的我已经知道,急是解决不了问题的。说无用的话等于倒退,时刻叮嘱自己不能急。其次,是创造机会。有些话从我嘴里说出来,份量实在不够。于是,我就把周虹老师上课的录音、亲子课堂专家们的录音和别人对我们儿子的评价放给爱人听。爱人每天很忙,好像没什么时间来听这些,那该怎么办呢?经过一番考查,我终于找到一个时间段,就是早晨五六点钟,人醒了但还未起床。这个时间段相对安静,不怎么受干扰,而且这时的头脑也比较清醒。

一个好的机会终于等到了！周虹老师要给我们系统地讲5天的《为人父母十堂课》和《两性关系十堂课》。我可以邀请爱人一起来听呀！

和爱人谈要上第一天课的时候，十分顺利，他答应得很痛快。这让我心里也十分高兴。上过这次课后，爱人反映：这不是以前讲过的吗？我知道，周虹老师分明是加进去了最新的内容。他的言外之意我也听出几分，但我没有追问，也没有辩解。在上第五天课之前，我和爱人沟通，邀请他能继续听课。因为那天周虹老师会讲《望子成龙》和《契约管理》。可是，爱人却说他要准备一个重要的讲话。我一听不是必须要出家门，就进一步说：那你能不能抽出半天的时间呢？爱人犹豫着，像是很为难的样子。我心里直犯急，心想，想管好宝贝，还不抓紧学习，多好的机会都不知道珍惜。我甚至都开始泄气了，心说："你爱去不去，好像谁难为你似的。"可就在张口的瞬间，我还是控制住了，我说："去吧，去听听，今天周虹老师会讲《望子成龙》呢，听完，你就可以走了。"爱人一听我这么说，就答应下来。

第二天，爱人如约听课。我心存感激，也关心起爱人来。会场的前排空调风吹得他膝盖很凉。我拉着他坐在了后排，那里离台上比较远。其实，我习惯坐前排听讲，那样听课效果会好些。可爱人膝盖有病，后排没那么凉。还是先找个舒适的环境吧，也好让爱人更多地专注课堂。中场休息时，我提议他把要准备讲话的资料拿出来，先熟悉熟悉，我就坐在旁边守着。令我意想不到的是，中午饭吃过后，爱人并没有提出要走，而是留下来继续听课……

我曾想通过许多种游戏来让宝贝感受爸爸在家是最有权威和最值得尊重的人。可一直也没想出个成功的游戏。今年六七月份，周虹老师给我们做了"家排"。这让我感受到，人的行事风格是家庭给予的。家庭中父母的行事风格长期而持久地存在着,并悄无声息地灌输给下一代。看来树立爱人的威信,不是一两个游戏能解决的。我想到了一个仪式。

一天晚上,爱人和宝贝心情都还不错。我借机说:“咱们家定个规矩,好吗?”他们听了,都用疑惑的眼神看着我。我接着说:“就是咱家的每一个人出门和回家都要有个迎接和欢送的仪式,就是拥抱,儿子除了拥抱还要鞠躬。”爱人听了立刻响应:“好啊。”宝贝也“嗯”了一声。这就算全家通过了。

第二天早晨,爱人要去上班了,我和宝贝像模像样地送他。那一刻的感觉还真与以往有些不同。爱人真是一家之主!他出门是去为我们这个家打拼了。要在以前,我会这么想吗?走了就是走了,哪里会在脑袋里产生什么联想!晚上,爱人回来了。我唤上宝贝和我一起迎接。宝贝也真是给力,果真从自己的房间里出来。我打开门,爱人一进来,宝贝就鞠了一躬,爱人满意地伸开双臂抱住宝贝。紧接着我上场啦,和爱人拥抱在一起。这家门进得那叫满意呀!

这仪式在家里实行将近四个月了,我发现它真是意义非凡!首先,仪式隆重,情深意切!每日迎送虽然说的话和做的动作都一样,但是每每让爱人出去安心,回来满意。特别是宝贝那稳稳当当、恭恭敬敬的鞠躬,让爱人回归到父亲应有的位置。其次,这个仪式挖掘了宝贝身上稳重的一面。有一天,我的一位好朋友来家里做客。说了一会儿话后,我和朋友要一起出门。宝贝走出来,向我深深地鞠了一躬,然后,和我紧紧拥抱,又和阿姨道别,并给我们开门、关门。我那朋友见宝贝这一连串的动作,用惊奇的目光和我做了交流。朋友对宝贝极熟悉,看到这一切,她觉得宝贝变化好大呀!一个晃晃荡荡的小伙子突然斯文起来,变得彬彬有礼,还真有点不习惯呢!再有,这个仪式能化解当天的矛盾和不快。生活免不了还有磕磕碰碰，但当拥抱的时候，一切都不重要了，爱人在拥抱的那一刻会不计前嫌，宝贝在拥抱的那一刻，确信我们仍然爱他。就是这日复一日的拥抱，让我们全家的心紧紧连在一起。不知从哪天开始，爱人中午总会打电话向我"报告"他的情况，宝贝更是有事没事都会主动拥抱、亲吻我。

一个小小的仪式，可以助力一个家的成长！如果不是亲身经历，真不敢相信。我突然对周虹老师所讲的"肢体语言胜过说教"有了更深的体会。幸运的是我知道了如何去做。

通过迎送拥抱仪式，我们全家变得轻松、愉悦、自信、有力、上进。爱人、我和宝贝，三个人各归其位。家里的任何事，我都不想再烦爱人了。他一天到晚奔波在外，工作忙、头绪多，我希望他回到家能多休息。可他却主动承担家务：每天，早早起来做饭，晚上看我累了，自己就进厨房把锅碗洗得干干净净。即便这样，爱人还会在拥抱我的那一刻说："你辛苦了，我什么忙都帮不上，全靠你，你也好好歇歇。"自从我改变后，天天都生活在感动中。我感动有如此好的爱人！我和爱人的相互关心，连宝贝都有些眼红，他会夹在我们中间，要求我俩紧紧地抱住他。我们全家好像是被注入了新的力量，大家紧紧地团结在一起向前走！

周虹老师点评

家庭暴力是人类无能的表现，它比雾霾更可怕，是大自然对人类的惩罚。

孩子是人类的希望，他们总是以各种各样的失常行为提醒人类曾经对自己做了什么？这是每一个人都要思考并且面对的！

越来越多的家庭努力让暴力“断代”，家族的雾霾消失了，家庭文化进入新的时代。他们已经从无能变得强壮有力，杜绝简单粗暴的互动模式，凡事不埋怨他人、不逃避责任，而是保持高度的自我觉察。作为父母做错了什么？作为丈夫、妻子、父亲、母亲怎么了？在解决家庭问题中不断调校自己生命的能量，成就自己和下一代的幸福！

这样的家庭会受大自然的关爱呵护，给予他们平安、健康、喜乐。大自然以无限的宽容接纳着人类的存在，如果父母有能力用爱养育下一代，诚信、勇敢地面对生活中的人和事，心身合一，全心全意与亲人融为一体，就为未来人类文明史书写了浓墨重彩的一笔。我们相信，越来越多的家庭会加入我们的队伍。

人，在大自然中举足轻重，为了人与大自然和谐共处，为了内心和现实中的雾霾消失，让我们一起承担起时代赋予的使命吧！

闹夜女人变形记

一个爱"闹夜"的女人

我和老公结婚至今已有 14 年,虽然没有惊天动地、轰轰烈烈的爱情,但也过着平淡、充实的生活。老公儒雅、帅气、聪明能干,我也勤劳持家,俩人齐心协力拥有着共同的事业,收入足够一家人丰衣足食。我们还有了一双聪明、可爱的儿女,亲朋好友常常羡慕我们是美满家庭!

可就在两年前,我们的婚姻出现了严重的危机——原本跟我恩爱的老公突然逃离。他开始不愿回家,老是出差,在外打牌,晚归,打电话也不接,而且拒绝我的所有关心,即使偶尔回来也懒得和我说上一句话,我们之间仿佛一下子变成了"最熟悉的陌生人"。少了老公这根精神支柱,我就像受到致命打击,生活一下子就坍塌了。我开始恐惧吃饭、睡觉,整天都沉溺在痛苦里,一天难以咽下一碗稀饭,晚上彻夜难眠,精神失控,难以自拔,时不时地就会大哭小闹,精神到了崩溃边缘。开车时,我还会一边痛哭一边想,要是出点意外什么的就让他后悔一辈子……

然而任凭我怎么痛苦,老公都视而不见,他再也不像以前那样哄我、安慰我,相反对我的行为,他表示反感和无法理解。眼前这个男人还是那个和我一起患过难的老公吗?我百思不得其解,开始以为他有问题,于是用尽各种办法想要和他沟通,想用自己"伟大的"女性力量唤回他迷失的灵魂，可是尽管我付出百般努力，这种生活状况都未得到任何改善……

记得那时我们抛开工作，忽略了孩子，整天都以吵架为主过日子。那是一个下午，老公刚出差回来就来店里上班，而我却一见他就发牢骚……老公不耐烦就往外跑。我却不依不饶，无数个电话拨出去，他的手机却总是关机或无法接通。终于等到下班，老公来接我，看见他，我的气真是不打一处来。一路上，我的嘴巴都没停下，一直在指责、抱怨、发泄。等到快到家时，我害怕影响到孩子和老人，就干脆让他把车停到外面说……不知道过了多久，老公开始劝我，咱们有什么话回家再说好吗？于是我们就又转移了吵架的阵地……

回到房间以后，我想继续跟老公“理论”，可老公很快就睡着了，而我却更加生气，于是把他推醒，问他我都这么伤心、难过了，你居然还睡得着觉。被我从梦中惊醒的老公，没有生气，而是抱着我说：“老婆有啥事，你说吧，我在听呢！”这时，我却更加委屈，便一边流泪一边说，这么多年跟他受了多少罪，有过多少委屈而他却一点都不在意……就这样不知说了多久，老公又睡着，接着又被我叫醒……终于他无法忍受，大吼道：“你想怎么样，不行就分开算了，反正我也受够了！”他的愤怒让我感到害怕和恐慌，我好怕失去他，失去一切，于是抱紧老公哭得更厉害……老公被我缠得没办法，只好坐起来说：“你不睡，我也不睡了，咱们坐到天亮算了，人活着真不知道有什么意思！”老公点着烟，一言不发地坐着，看着他疲劳和无奈的样子，我似乎感到一阵阵心疼，一切的一切显得是那样的苍白无力，这时已是凌晨3点……

痛苦的生活依然继续，无奈的我搬来了老公的好友、父母、姐姐，希望他们能够说服他，还好他们所有人全都理解和支持我，于是开始苦口婆心地劝起他来，可是他一直不动声色，所有人就一起指责他，我们的婚姻变得更加糟糕。那一刻，在整个家族中，他成了过街老鼠，人人喊打……

一段漫长的相互伤害使我和老公之间的距离越来越远，相互之间展示的全是自己最丑陋的一面……

不知是撑着还是熬着，时间又过了一年，到了2013年7月，我几乎折腾掉了半条性命，人也憔悴得不成样子，生活毫无半点生机，跟老公的关系已经紧张到让人窒息……我的脑子里只有一个强烈的想法，那就是“死”！

然而就在我即将崩溃的时候，上帝却为我打开了那扇早已准备好的窗。一个偶然的机会，我在广播里听到了一个温婉的声音，一下子唤醒了我的灵魂，融化了我的身体，让我看见了漆黑夜里那盏希望之光，那就是郑州广播电台《亲子课堂》栏目里周虹老师的魅力声音，我像是吃了救心丸，感觉自己还是活着的，顿时心里平静下来，从此便一发不可收拾地爱上这个节目，爱上了素未谋面的周虹老师。接下来，生活、工作时听她的节目，便成了我的心灵鸡汤……

听了节目后，我也开始有了方向，知道婚姻问题的根源在我这儿，但接下来要怎么做，我却没有头绪。冥冥中，我感觉到有一股力量促使着我，想要真正地解决问题必须去找周虹老师，虽然面临种种阻力，但我绝不放弃，进虹汇成了我的强烈愿望和梦想！

2013年农历腊月初八，我和老公结婚14周年纪念日，老公想要送我貂皮大衣，我马上请求老公把大衣钱省下来作为加入虹汇的会费，开始老公不同意，我告诉他去虹汇其实是为了我成长，为了他和孩子受益……老公见我软磨硬泡地坚持，终于答应了。那一天，我向他承诺一定要给他想要的妻子，并写了日记感激他……

看清婚姻中的真相，“小女孩”要长大

带着满怀期待的心，我终于在 2014 年 1 月 1 日走进虹汇，我为自己能和心目中的“女神”周虹老师长期相处、近距离接触而感到幸运和自豪，想想从此就有了靠山，有高人指点，心里别提有多高兴……因为我迫不及待地想搞定老公，搞定孩子，有想凌驾于他们之上的“野心”……

然而真正的学习，并非自己想象得那么简单。开始以为进了虹汇，就一定可以突飞猛进地成长，没想到直到 3 月 8 日那天，我还是痛得不行，感觉依然没有半点进步，于是我请教老师，为什么我从不迟到、请假，却丝毫没有进步？没想到周虹老师一下子点出了问题的原因，周虹老师说：“云丽呀！看看你每次都坐在课堂上，而你的心却云游在你们家的痛苦里，光沉溺怎么行，不走出来，你永远都无法内心干净、外表漂亮，下次来就坐第一排，或者走神了就掐自己一下……”周虹老师总是一针见血直指问题的根源，让我更加打心眼里佩服她，接下来开始盲从起来，每次都坐第一排，认真听课，随时做笔记……

我的最初作业是全盘接纳老公、孩子，找他们的优势，每天一条微信，说老公、孩子的好话。看似非常简单，但实际做起来真的很难。因为在我心里，他们是“问题孩子“和“坏老公”，哪有什么优点值得表扬呢？这不明白着要我投降吗？我心里想：“周虹老师真是站着说话不腰疼，如果让你面对同样的处境，你能这样委屈自己吗？”但我还是带着种种质疑和不安强迫自己做着不愿做的事情，谁让咱想要幸福呢？对待这位“狠心女神”也只能言听计从了，于是应付差事一样地每天发上一条微信……

接下来的成长更是艰难，“闭嘴”、说话只说三个字，忽略所有问题，因为长期的惯性模式，我实在难以忍受。有时候，孩子不听话，不好好学习，生活习惯不好，跟我吵架顶嘴，老公埋怨我惯孩子，继续逃离，婆婆也怨我不管老公……我却只能硬生生忍着，凭什么呀！气得我头皮都要爆炸了……可这时，周虹老师还是告诉我只需做好自己。用运动宣泄情绪，终于在大汗淋漓时，随着身体的愉悦，我的心情也好了许多。

随着不断地成长，我渐渐地感受到自己的进步，我的心平静了许多，对老公、孩子的爱也越来越好，正当我沾沾自喜时，又遇上了难以克制的反复期……

2014 年 4 月 25 日，那天下着小雨，老公刚出差回来，晚上我一下班就忙着炒菜做饭，然后一家人开开心心地吃顿团圆饭。可是晚饭过后，我独自在房间里玩手机，老公好几次和我说话，我都没理他，只是对着手机傻笑和发呆，忽略了老公的存在，老公无奈，只能到客厅看电视。

过了很久，他还没有进来，于是我走出去看看。这时老公正坐在沙发上打电话，见我出来了，马上挂断电话说时间不早，该睡觉了，可是当他走近我时，我却把双手放到了老公嘴上使劲捏了起来，老公说：“周虹老师教你们撕嘴了吗？”我怒吼道：“老师没有教我自杀，我还不想活了呢！”老公把我抱回房间，努力逗我开心，后来总算是沟通好了！

可是半夜醒来，我就再难入睡。“闹夜”模式自动启动！如果是以前，我肯定把他吵醒，理论一番，可是现在我是虹汇女人，不可以再随心所欲地闹下去，也不能再自私下去，可是难眠的夜里我能做些什么！只有让身体躺在床上，任凭脑子胡思乱想……糊里糊涂中似乎觉得自己错了，于是拿起手机给老公发微信道歉。微信的内容前两句是：“老公，对不起，是我错了，我又反复了。”可后面写的又全都变成抱怨、指责的话了……

好不容易熬到天亮，老公还没起床，我洗漱完毕，匆匆离开家。路上，我又发了个信息："老公，我今天休息，你醒来后要做哪些工作……"这次显然他也火了，回信息："你要去哪儿，我也管不着，如果你觉得我们在一起不快乐，那就分开，我不希望自己老婆不把老公放在眼里，而她却在外面疯……"就这样，我没继续跟他吵，但却为了那句话不愉快，这一天我们彼此没再联系……身为虹汇女人，我觉得不该和他计较，于是我提早回家做晚饭，可是心里却堵着一口气，心想周虹老师为什么要这样对我们，为什么不能和他吵架……一种不甘强烈地涌上心头，心想如果不进虹汇我就可以想吵就吵，想闹就闹，想离就离，什么虹汇呀！如果不是交过钱，我早就不干了…

"忍"字头上一把刀，就这样又熬过了一夜，庆幸的是这夜我们没再吵架。到了第二天早上，我们刚到店里，我爸打来电话，家里 92 岁的奶奶摔着了，盆腔骨折，老公听到这个消息马上派车去接奶奶来郑州治病，他到处打电话，找医院，找医生，还告诉奶奶等她看完病到我家住两年再走……那热情就连我们亲生的子孙都做不到。

就在那一刻我才突然觉醒，原来他一直都那么好，他从未变过，对待亲人、朋友他从来都是真诚、热情，尽力给予，给我的也是最好的。每次出差回来都会给我买些饰品、衣服、箱包、鞋子，遇到美食也会带回来和家人一起分享。而对自己，他什么都舍不得，衣服都是买些便宜的，但对于买手机、买车，他都把最好的给了我……我后悔对这样的老公为什么自己还要和他吵架，我突然想到这么多年我无数次地跟他闹夜，从未让他睡过一个好觉，没过过一天快乐的日子，他的痛苦、无奈和内心的挣扎该有多么强烈！那一刻，我倚靠在他的肩上，诚恳地说："老公，我以后再也不对你无理取闹了……"

为了固化自己的成长，2014 年 5 月 15 日，我跟随周虹老师走进郑州人民广播电台《亲子课堂》栏目，为我多年的行为，勇敢、真诚地面对大自然，面对所有听众，向老公道歉！

也是这次，周虹老师为我剖析了我这么多年痛苦的原因。原来，在我 5 岁时，妈妈去世，爸爸又忙，常常在农村又黑又静的晚上，我哭着找爸爸，心里的不安和恐惧让我有失去全世界的感觉……所以夜深人静时，我的潜意识常常会回到那极度没有安全感的一幕，心理年龄退回到儿童期，一次次地重复小孩子“闹夜”的模式，同时给我的婚姻带来巨大的伤害。

从小到大我都非常自卑，对任何人、任何问题，都非常敏感，总想到谁都欺负我，不信任任何人，心眼小得像“绣花针眼”似的，经常生气，气周围的人不尊重我，气谁都伤害我，还经常为老公的一句话而久久难以释怀，也常常为白天的一些小事耿耿于怀，待到夜深人静时不让老公睡觉，反复地抱怨，唠叨个没完，哭闹不止……刚开始老公还抱着我说：“我知道你心里积怨已久，以后我们不再吵架，做人人羡慕、相敬如宾的夫妻……”可是时间一久，老公再也难以忍受，他呐喊着受够了，于是开始了逃离……

看清了婚姻问题的真相。我开始改变，内心的“小女孩儿”渐渐长大。

我和老公的关系也越来越好，我们的心在慢慢地靠近。一次，周虹老师的大型公益讲堂邀请我老公一起参加，在老公答应后，我的内心充满了惊喜，这在以前是不可能发生的。这是一节大课，在几千人的会场上我出乎意料地“丢人”了，正当我们聚精会神地听讲时，大屏幕上出现了“闹夜女人”几个字，随后我和老公被邀请上了讲台。老公的出现得到了周虹老师的赞美，儒雅、帅气、白马王子、极品男人，满满的全是赞。老师还反复地说我配不上我老公，她说如果我老公换成她，我闹一次，她就会把我给“踹”了。那么多人的会场上，周虹老师就这样毫不留情地批了我……

也就是这次，周虹老师为我做了家排，彻底解决了我的问题。课堂上，老师让我跟老公四目相对几分钟后，然后我的感觉是害怕失去，依然把老公当爸爸、当妈妈、当哥哥……接下来，周虹老师让老公亲口说出，他只是我的老公和爱人，不是爸爸、妈妈、哥哥……从今往后，他只承担丈夫的责任，而我只做妻子应该做的事。

那次家排回来后，我慢慢地沉淀下来，重新审视老公，发现老公不仅长相帅气，而且人品极好，真诚、乐观，幽默有趣，体贴、大方，有事业心，有责任心……这些我一样都没有，不知何时我竟然发自内心地崇拜这个男人了，我开始欣赏他、鼓励他、赞美他，默默地关注他所发表的微信，偷偷地收藏起来。从此有位极品男人深入我的骨髓里，而我真的再也舍不得跟他吵架，他就是我最称职的知心爱人……

没想到，接下来老公的变化更是让我吃惊。我俩由各开一辆车去同一单位上班，变成了一对分不开的“热恋情人”。他去哪儿办事都让我陪着。最令我感动的是，他现在去哪儿吃饭都喜欢带上我，每当朋友对我的变化表示惊讶的时候，他总是不经意地补充道：“你们看她现在的脸色红润了，皮肤好了，笑容多了，人也变得自信了。”接下来，他还告诉朋友虹汇是一个多么神奇而有魅力的地方，劝他们的太太到虹汇学习呢！

现在的我，一不小心就会被紧紧地抱着，听到的总是甜言蜜语：“好老婆，想吃什么”“老婆，以后我要赚更多钱都给你花”“老婆，以后我去哪儿玩都带上你”……现在的他会抽空为我们做上一顿美餐，会在周末陪孩子钓鱼，陪孩子游泳，对孩子的学习、生活都非常关心，还会经常送花给我。前一段，我收到了他送来的好多漂亮饰品，那种幸福感在一年前是难以想象的……

如今，我已收获满满，懂得如何自爱，再也舍不得让亲爱的自己受到一点点委屈和伤害，我喜欢对着镜子欣赏自己逐渐红润的脸，然后嘴角露出满意的微笑；喜欢在周末陪同家人一起享受美食，然后再看场喜欢的电影；喜欢买自己喜欢的衣服及物品；喜欢跟亲爱的人一起在大自然的怀抱中畅游……

爱他人就要给予与付出，做到尊重，懂得理解与宽容，不再无理地将自己的愿望强加于别人；喜欢看到被尊重的爱人发自内心的轻松笑容，喜欢看见孩子被爱滋养过的纯真笑容，喜欢看见父母放心和快乐的笑容，喜欢跟朋友一起疯到忘我的境界……如今的我依然忙碌，但生活却很有序，因为我的心平静地如同一潭秋水，不再纠结和沉溺于过去；不再为明天忧虑什么，当下亦有美好和幸福……

感恩上天赐我如此优秀的爱人和懂事的孩子，更谢谢周虹老师给予我第二次生命，我为自己所有的经历而自豪，为走进虹汇而感到荣幸。生命不止，成长不息，我爱大自然，爱生命里所拥有的一切！

周虹老师点评

这样的事情并不鲜见。

闹夜，是小孩子的行为。这样匪夷所思的胡闹事件越多，说明我们的民族在上一代家庭有多么严重的缺失。女孩们未曾长大，社会中怎能有和谐婚姻和良好家庭教育？所以，不要向外找了，作为成年女性都需要关照内在自我，看清自己内在的真实状态，首先弄清楚自己出了什么问题,家庭才有更好的未来。

你的内在是整洁、有序,还是凌乱、黑暗、潮湿？虹汇通过催眠发现大多数人内心停留在幼年某个时间,有的人看到了内心深处那个充满忧伤的孩子;还有人几次找不到自我,不想看或者不敢看！越逃避,吃苦越多。

穿越时空隧道,回到那个特殊的时刻,找到你的内在小孩,为她松绑,好好拥抱她,给她爱和温暖,然后心身一起回到现在,你们再也不分离。

你完整了……

“闭嘴”之后，无言的歌

时代教会我“批评”，我让家庭“窒息”

50 岁，我才真正懂事……

我叫夏天，有一个阳光、漂亮的女儿，还有一个高而帅的老公。在 8 个月之前，我可能不会用这种词语介绍我的老公，而现在我可以做到发自内心的夸赞了。这看似简单的夸赞，从没有说过到能自觉地讲出来，对我来说可不是一件容易的事，这期间我经历了大半年的时间。故事要从我走进虹汇之前说起……

回想起过去，我眼前晃动着这样一个旧我的形象——眉头紧锁，在家里看到什么事都要掺合进去，指手画脚一番，觉得这个也不行，那个也不对，特别是习惯性地挑剔、批评老公所做的事，觉得他没有做好，不认可他。久而久之，我的语言对家庭形成了一种无形的“监控”，而且，这种“监控”不断升级，我的抱怨和指责到了事无巨细、唠叨不断的地步，家里没有安宁的日子。这样的我，被周虹老师称为“爱折腾的女人”。

我们家长期处于这种状态，老公和女儿成了我“监控”的对象，我和他们的争吵时有发生，即使不吵架时，我们的冲突也在沉默中暗暗酝酿。女儿烦的时候冲着我说：“行了，别说了，你烦不烦呀！”老公被我说急了，就回我一句：“你能不能闭上嘴？”这些话我听了很刺耳，而且觉得委屈，我事事操心，还不是为了他们好，为了这个家好，他们这么对我说话，怎么让我受得了?!

老公是个不太爱讲话的人，而我讲起话来语速快，道理一套一套的，他说不过我，一看沟通不成，干脆不和我讲那么多，他干他的，我说我的。其实，我们双方都不认可对方，我看他不顺眼，他看我也不顺眼，一起出去吃个饭，在饭桌上都相互拆台。那时候，我们事事想不到一起，像有块石头堵在各自心里，两个人一说话就吵，都不能正常对话。女儿上大学之前还好些，好歹有个传话的人呀，但是女儿去上海上学后，家里就剩下我们两个了，闷头内耗，矛盾重重。

常言道“家和万事兴”。以我和老公这样的心境，家庭气氛何等糟糕，可想而知。两个人无法沟通，家财也难聚住，紧急事情接连发生。我心想，日子不能一直这样过下去呀，要找个地方“学习学习”，“进修”一下，才能“搞定”老公。抱着这种想法，我走进了虹汇，开始靠近周虹老师。

到了虹汇，周虹老师首先让我讲述自己 18 岁之前的生活。我出生于 20 世纪 60 年代初，父亲是抗日战争时期的老八路，母亲是解放战争时期地方区委的干部，在那个年代我算是“根红苗正”的孩子。在我很小的时候，父母就教育我要做无产阶级革命事业的接班人，各方面都应该优秀，要与优秀的人为伍。上学后，我一直是班干部，是老师的小助手，负责“领导”“监督”其他同学。记得那时，我还是年级纪律督察小组的成员，经常戴着红袖章，在年级放学队伍里检查纪律，那个神气劲儿，就甭提了。在我童年的记忆里，家中经常是高朋满座，我就在叔叔、阿姨们的夸赞中长大，这使得我从小就内心自信、强大而高傲。然而，我们这代人又赶上“文化大革命”，“斗私批修”是那个年代人们的生活常态，经常要做批评与自我批评，纠正错误，所谓“人是在批评中成长的”这种理念深深印在我的脑海里。

听完我的讲述，周虹老师分析道：“你的自信其实接近自负，你有批评、纠错的习惯，说话方式是指令性的，这些都时时处处体现在你的生活中，给你的家庭生活带来了麻烦。你对自己的丈夫要求高，对自己的女儿要求完美，觉得他们都应该优秀，所以，即使他们做得很好了，在你看来那也是应该的，而一旦他们有了缺点和你所谓的不足，就得接受你的批评、引导，你还觉得这样是为他们好，总摆出一种自己是‘救世主’的姿态。”

指出我的问题后，周虹老师进一步分析：“在纠错的同时，你只看到了老公和女儿的不足，却忽视了他们的优点。好丈夫、好孩子是夸来的，这才符合人性，你却背道而驰，怎么能看到幸福？在你的潜意识里，老公的能力是在你之下的，有时候你甚至觉得他无能，你从未认可过他，又怎么能接纳，不接纳怎么有欣赏，不欣赏又哪来的爱？家里整天是“阶级斗争”，你这张爱批评爱纠错的嘴闭不上，你的家就永无宁日，永无幸福！在你唠叨的过程里，你的心是累的，是焦虑的，是不安的，你的头脑是混乱的，是无序的，是纠结的……”周虹老师的分析一针见血，使我有一种“面具”被一层层剥离的感觉。

记得我进入虹汇刚上第二堂课时，周虹老师就给我做了一台“不上麻药的手术”，她笑着调侃说：“你们这些女人呀，有时唠叨得让人抓狂。要是我是你们的老公，我早逃离了，还有人敢娶你们，你们该烧高香了。你们的丈夫都是能容之人哪！惜福吧，回去好好想想，平常在家是怎么对丈夫和孩子的！”她还说：“来虹汇学习可不像逛大街，没那么轻松，你们要有心理准备！要想获得幸福，就把嘴闭上，在家要做到无言！”

我在下面听了这些话，真坐不住，心想：这是来学习吗？这不是拿钱来挨批吗！让我在家里做到“闭嘴”“无言”，那日子还怎么过？没有我的叮嘱，他们能做什么，家里不就乱套了吗？而且我闭嘴和我过好现在的生活有什么关系呢？

还没容我往下多想，周虹老师又开始了犀利的教导：“闭不上嘴的真正原因，是你们一直试图证明自己是正确的，不认可别人的表现，在家里不相信老公的能力，不接纳他，不接纳也就谈不上认可，接下来就只剩下挑毛病了，哪还会看到老公的优点？你们的内心已经产生了和他对抗的情绪，家庭矛盾就这么产生了，你们自己说说，这种情况是谁引起来的？”

周虹老师的这些话既犀利又深刻，像一把手术刀，一下子切开了我的病灶，让我看清了自己的问题。但我还是半信半疑，不过觉得既然交钱加入虹汇，就要“盲从”，那就先照做试试吧。

修炼“无言”，春暖花开

周虹老师要求我们按照她的指导方法去做，“盲从三个月，不要结果”。首先，从学讲“三字经”开始，一句话用三个字表达一个意思，多了不能讲。说话之前，脑子要先想一想，这样，说出的话是经过大脑思考和过滤的。同时，还要求我们简言、慎言。先通过盲从改变现有的行为模式，最终改变思维模式。

在课堂上练习“三字经”，在家也要照做，让我这个爱讲话的人抓心挠肝。以前，我在家是想到哪儿就说到哪儿，就像“脱口秀”，而且有时是怎么解气怎么说。现在变成简练说、不说，真把我憋死了！过去在家“指点江山”的我快变成了哑巴，别提有多难受了。

进虹汇的头两个月，我时常因闭嘴而饱受煎熬，心里很不舒服。

渐渐地，我才明白过来，周虹老师所谓的“不要结果”，是指我们自身先改变而不要求老公改变。我这边强行克制着，让自己少言、无言，一天、两天，一周、两周，时间就这么过去了，我改变了许多，怎么没见老公有什么变化呢？过去，我干着活还能痛快地发泄一通，现在家务活没少干，还不能随意发表意见，真受不了！那个时候，每当我想发火时，就戴上耳机闷头听周虹老师上课的录音，边听边安抚自己。说实话，那个阶段的家务活就是这么硬撑着做下来的。

起初，我并不理解“盲从”的含义，更不清楚执行时间“三个月”是什么概念。当你只是做，却看不到自己想要的结果时，你会觉得这种坚持毫无意义。这时，我对周虹老师说的“盲从三个月，不要结果”产生了怀疑。那时，我觉得来虹汇是为了学习如何纠正老公的错，家庭有了矛盾，做丈夫的应当承担大部分责任，是丈夫做得不够好才引发一系列问题，为什么周虹老师不是让男人改，而是先从我们做妻子的身上找问题，让我们先改呢？这不是在替做丈夫的说话吗？周虹老师还规定，每次上课时，大家不准谈老公不好的表现，不能说家人和孩子的不是。这样，我在家里不能痛快地说，在课堂上也不能“倾诉”，这个“闭嘴”时间要求也太多了吧？这样下去，在家里，丈夫还不欺负到妻子头上了？

在这种情况下，我一度觉得失去了自信，“拯救”这个家的希望没了。我这样“软弱”下去，能换来老公的改变吗？能化解我和他的矛盾吗？而且，我每次上课给老师提的问题都一一被批了回来，从老师的批评中似乎也看不到什么“答案”，我变得越来越没有信心。几十年的生活习惯要一下子改掉，这对我来说实在太难了！

更刺激我的是，周虹老师常说：“夏天，都50多岁了，活到这把年纪了，还要求什么，该放的放下吧……”在进入虹汇的头两个月，周虹老师几乎每次见到我都要说这些话，有时还故意问我："夏天，今年多大了？"等我回答后，她就接着说："是吗？都50多岁了，还……"真让我受不了！那时，真想反驳老师。我想，50多岁难道就不能追求进步了吗？50多岁就不能改变我的生活了吗？我觉得自己很勇敢，都50多岁了还敢来虹汇学习，剖析自己，接受老师的指教，我是一个敢于面对生活的人。人活80岁还有盲区呢，我又不是圣人，到虹汇就是来扫除生活中的盲区的。既然我有解决问题的决心，那么问题就有解决的可能！每次去学习，我都这么想，但始终没敢开口。学习一段时间后，一边看不到家庭变化，另一边还要受老师"刺激"，那会儿感觉不是"痛"了，而是在"挣扎"中过日子。

后来，也是周虹老师这些"带刺儿"的话，激励着我，调教着我，让我为以50多岁的年龄仍活跃在虹汇这个场所而感到骄傲！

也就是在这一天天的坚持和"挣扎"中，突然有一天，我觉得自己近一周的话少了许多，感觉以往说的话都显得那么苍白无力，没有份量。心，静了下来，不那么燥了，家似乎安静了许多。

我坚持每周上一次课，不久后的课堂上，我像往常一样走上台，但没有急着问问题，接着，我和老师有了这样一段对话：

老师先开了口："有什么问题，直接问！"

我回答："老师，我不知道今天问点儿什么，这周好像觉得也没什么要解决的大事了。"

老师："是不是这段时间在家话少了？"

我："是，在家好像没什么要说的了。"

老师："怎么样？觉得这日子还能过吧？"

我："是的，有这种感觉……"我不好意思地避开了老师的目光。

下课后回到家里，一个人坐在客厅的沙发上，环顾着这个家，静静地想：是呀，自己身边实实在在存在着一个正常工作并且按时回家的丈夫，还拥有一个健康、阳光、懂事并且在重点大学读书的女儿，住着这167平方米四居室的房子，自己起码有一个健康的身体，无病无灾……这一切，我都曾感知过吗？想着想着，我不禁泪如泉涌，不由起身走到每个房间，仔细观察，好像将要失去它们一样。以往，抱怨、不满填满了自己的脑子，什么时候高高兴兴地感受过这一切？还不停地在要！要！要！

我又信步来到客厅的装饰墙壁边，看着老公参加羽毛球比赛获得的一个个奖杯，心想：我曾经和他分享过这些荣誉吗？我又关心过他多少？这时我耳边响起了周虹老师对我说的话：“你在享受着这个男人给予的这些，还想要什么？夏天，都50多岁了，该好好想想了……”此时，再没感觉到周虹老师这句话是刺耳的，倒是觉得很中肯！

我终于意识到，以前的生活中，我和老公总是互相挑剔来埋怨去的，彼此都抓住对方的某一点不放，实质上是我们没有认可对方、缺乏沟通所造成的。现在，在虹汇学习的过程中，我逐渐领悟、不断反思，对老公的认可度逐渐提高。彼此靠近，再靠近时，你所想要的，会渐渐向你走来。

我想明白了，哭够了，身体瘫软在沙发上，但心里觉得好轻松，像重新活过一次。这就是我闭嘴后静下心来的一次思索。

渐渐地，纠结的问题在心里一下少了很多。当我控制住自己的语言时，我的心不自觉地安静了，有了深思静想的空间，人也平静了许多。我的眼睛能闲下来去观察别人，我的耳朵能听进去别人在说什么了，说话的声调也低下来了，以往心里的纠结被轻松、愉快所代替。

一直向外找问题的我，心门总是紧闭的，好像有个无形的“外壳”在包裹着自己，总以审视的眼光看别人，觉得自己是完美的；矛头向外,不愿意让人看到自己的内心,更不想让别人说自己不够好。

进虹汇后,为了在微信朋友圈里便于识别,老师要求我们每个人用自己的真实头像,这对我来说很难。让虹汇的人看到我可以,怎么能让微信朋友圈儿里那么多人看到我真实的样子呢?这个岁数了,怎么拍也不美呀,怎么能把自己“晒”出去呢?那样给别人的印象多不好。我心里这个纠结呀!但没办法,这是虹汇的规定,咱也得自觉执行呀。也就是这件事,把我自己推了出去,我把微信头像换成了自己第一次去奥伦达上课时拍的照片。这一换不当紧,我当天如释重负,心一下敞亮了许多,似乎向这个世界宣告:“这就是我,任你评说吧!”我释然了!

心扉打开了,人也改变了许多,生活中的我笑声多了,感激的话也能说出口了。以往,我很少夸赞别人,感激的话即使对自己家人也很少表达。2013 年寒假,我带女儿去看我的大姐,大姐和姐夫做了一桌菜招待我们。举杯之间,我说:“感谢大姐和姐夫这么多年来对我和我们家的关照……”说出后,虽然感觉客气了些,但是,这些话发自内心的,平常没说过。大姐和姐夫听了很是高兴,说:“都是自家人,怎么这么客气?”我说:“虽然是一家人,但感激的话还是要说出来的呀!”我的举动得到了他们全家的夸赞和认可。

自己的心向外敞开了,慢慢地,也开始能接纳和认可别人了。

2014 年 1 月 16 日,周虹老师在电台《亲子课堂》栏目做了一期节目,名为《缅怀我的父亲,不抱怨的人生》,我带着泪水听完了,很感动。我想起了身边的老公,对女儿不也是像周爸爸那样吗?我过去怎么都没察觉到呢?上课时,我把自己的感受告诉了周虹老师,她鼓励我:“你应该对老公说出自己的心里话。”

当晚,我就在微信朋友圈写下了这段文字:

"听了老师的节目后，我很感动，联系到自己的家庭生活，丈夫对女儿一向是不抱怨的、宽容的，常陪孩子玩，不重男轻女，大气而纯粹。在这里，我想对老公说：如果不是听了周虹老师这期节目，我还不知道你是谁，原来你是像周虹老师的父亲那样伟大的人。女儿有今天，你功不可没，以往是我没有感受到这一切。

感恩身边有一个这样爱女儿的父亲！

多一些理解和宽容，生活将变得如你所想象的那么美好！"

这是我第一次在微信圈里向老公表达我对他的接纳和认可。发过后，我觉得自己的心和老公拉近了……

周虹老师说得好：接纳是真正的爱意，意味着重视和珍惜，意味着尊重自己也尊重别人，这样，生命才是和谐的。

纠结的心，现在充满轻松和快乐。以往，我不期望老公和我同时在家，因为俩人会不自在，我心乱，看他不顺眼，双方不自觉地就产生了对抗情绪，他一出门，我倒清静，轻松了许多。后来，觉得屋里有他没他都一样，我不那么在意他的情绪了，自己能控制住平静的状态。又过了一段日子，感觉我一个人在家时，如果有个伴儿说话，也是不错的。心不再被事情牵着走了，能自由自在地运转了，包裹着心的坚冰，也开始融化了。

过去，老公下班回来，我一句话都不讲，就等着他先开口，要不大家都沉默一会儿，然后有事儿说事。现在，我能主动上前幽默地来一句："是不是闻着咱家的饭香味儿回来的？"他开始虽然不直接回答，但紧绷着的脸已经舒展了，一改往日的严肃……渐渐地，能听到他哼着小曲儿进门了。

2014 年初春的一天，我们决定去郊外草莓园摘草莓。午休后驱车前往，玩了一个下午，直到夕阳西下。我们拎着草莓，还有在麦田里挖的野菜，迎着夕阳，踏上了回家的路。走的时候感觉还没尽兴，那天的夕阳真好看，我们拍了好多照片。回来的路上，我俩找了个饭馆，吃了大盘鸡，菜虽然不贵，但味道不错。自有了孩子以后，我俩好久没这样单独出去玩过了，像刚刚和解的一对新人，虽然放不下心中的不愉快，但彼此更不愿失去对方，感动之情在内心不断地涌动……

有意思的是，刚开始我俩都处于对抗的状态，猛地轻松，感觉自己似乎失去了“防卫”的外壳，不愿在对方面前“示弱”。我爱唱歌，老公不在家时，我就尽情歌唱，有时正唱在兴头上，一听到“啪”的一声门响，我声音立刻放低，因为感觉再那么大声唱下去，就会把自己柔软的一面暴露出来，不习惯。那个时候，反正老公一在家，我就不放声大唱，只是小声吟唱。后来，我慢慢地就不在意了，无论他在不在家，我都能按照歌曲的要求去抒情，完整地唱完一首歌。再后来，我随心而唱，那种感觉，真好！

从我进入虹汇，大半年过去了，我们的日子一如既往地过着，但现在的每一天和过去的每一天，感觉大不相同，生活品质提高了，我和老公的心情是舒畅的，家庭气氛是轻松的。

我们家庭内部沟通和分享也比以往多了。我家有个“三人行”微信群，现在群里问候、鼓励和幽默的话多了。每个人都常在群里晒自己新拍的照片并发新的信息。老公每次出差，都要给我和女儿晒一些他拍的“新作”，比如当地的景物、饭桌上的菜肴、工作的场景等。每次他外出，我就盼着他发这些信息，我们愿意共同分享。我也常把老公的进步和变化发到“三人行”里表扬一番，懂事的女儿及时呼应，发些夸赞、幽默和风趣的点评。现在，“三人行”微信群已经成了我们家分享幸福和快乐的平台了。

女儿放暑假，一天，我把做好的晚饭摆在餐桌上，对女儿说：“饭好了。"女儿说:"妈,我现在不太饿。"我说:"那好,你随便吧。要不等你爸打完球回来,和他一起吃。"女儿说:"妈,你现在真好,不要求我了。"我听完愣了一下。她接着说:"过去,事事都要按你说的去做,现在允许我'随便'了。"我恍然大悟,原来以往在女儿眼里,我是一个爱管事的妈妈呀!现在这样一点小事,孩子都觉得我放手了,可见以往我管的有多"宽"了。自从我"闭嘴"以后,改变了所谓"爱"的"监管"方式,对女儿指令性的语言少了,倾听的多了,女儿对我增加了更多的认可和关爱,她越来越懂事了,现在我和女儿比以往更亲密了。今年母亲节时,女儿买了一件非常可心的礼物,快递给我。老公过生日,女儿在网上订了蛋糕送过来。每次假期回来,女儿都给我们露几手,做些大餐给我和她爸爸吃,平时给我们帮厨更是经常的事了。

8月初的一天,我因饮食不当,又吹空调受了凉,得了急性胃炎,发高烧。正值老公全天有课,我生病的两天里,女儿忙前忙后。记得那天早上,我的胃很疼,老公到医院拿了药,照顾我吃下,就赶着上班去了。女儿来到我床边问长问短,边安慰,边帮我分析得病原因,让我多喝水。女儿吃完早餐后,又为我熬粥,把粥端到我床边。当时家里没有体温计,我只觉得烧得难受,女儿就骑上自行车到药房买来体温计,给我量体温。一量,我高烧39度,女儿连忙用脸盆打来温水,把毛巾弄湿敷在我额头,给我进行物理降温,一次次地换敷。那会儿,看她真像个有经验的妈妈,在照顾着自己生病的孩子。

因为胃疼,有些反酸,一闻到药味就想吐,不愿吃药。女儿像妈妈哄孩子一样劝我:"听话,吃下去,病才能好呀,来,咽下。"她左手拿药,右手端着水杯,坐在我床边,耐心地等着我。看着她,我真不想让病好起来,想就这样让她在我身边照顾着我、爱着我……

第二天，我胃不疼了，女儿一早起来，给我做了鸡蛋羹，一勺勺喂我吃下。她照顾完我，接着又去厨房，给爸爸准备午饭。看着女儿忙碌的身影，感觉她长大了，是我们家的顶梁柱了。午饭后，女儿又忙着去洗碗，打扫厨房。当忙完这一切，已经是中午1点半了。我躺在床上听着女儿忙碌的脚步声，不由得心头一酸。我这次生病，女儿在家顶了大事儿了，我好像做了一回她的“女儿”，享受了女儿对我的细心呵护，好贴心，好幸福呀！

不经意间，发现老公的腰粗了一圈儿，皮带系孔时往后错了一个。他回来常说：“减肥减肥，打羽毛球时，感觉移动不灵活了！”总听他这么说，可没见他减饭量。心情好，自然胃口好呀。

现在我们家爱逗乐，老公很幽默。要是女儿在场，我吻他一下，他会说：“儿童不宜呀！”这时女儿接着说：“我已经不是儿童了！”要是只有我们两个在，我吻他，有时他会故意把眼睛闭上，开玩笑说：“强扭的瓜不甜！”我会说：“瓜不施肥更不甜！”这时我可不想“闭嘴”“无言”了。

哈哈，这样的小片段现在在我们家经常出现，家里充满了轻松幽默的气氛。

2014年7月15日，我作为郑州人民广播电台88.9《亲子课堂》栏目的忠实听众、虹汇会员，与周虹老师来到直播间，做了期题为《无言赢得尊重》的节目，讲了我走进虹汇的成长和现在生活的变化。

那天在电台，我通过电波向老公和女儿说了这番话：

“老公：感谢你多年来对我的包容和关爱。在以往的生活中，我有做得不对的地方，请你多多包涵和原谅。结婚之前，你没有当过丈夫，我也没做过妻子，在婚姻生活中，我们都要经历一个成长的过程，有不足的地方希望彼此能多多宽容对方，珍惜我们的今天，携手共度我们美好的明天。女儿：你是上天赐予我最好的礼物，是爸爸妈妈的骄傲。感谢你对妈妈的信赖、爱护和支持。以后在家，我多听你们两个的，少言，无言，做你们忠实的倾听者。

2014 年是我的成长年，重新学做女人，重新学做妻子，重新学做母亲。在这个成长过程中，还请你们多多给予支持和包涵。

家是我们的根，爱是我们前进的动力，再多的荣耀和财富，如果没有了家和爱，都显得毫无价值和意义。让我们三个人携手共建这个家，让家充满爱吧。”

也是在这次节目里，我以欣赏的眼光，一口气说了老公很多优点：外表上，身高 1.88 米，长得帅；工作上，身为教授、硕士生导师，爱护自己的学生，慷慨大方；生活中，孝敬父母，爱孩子，常陪孩子玩，宽容，不抱怨，不指责，不重男轻女，大气而纯粹；业余爱好与特长方面，喜欢体育运动，年轻时擅长打篮球，现在坚持羽毛球锻炼十多年之久，经常参加各种比赛，多次获奖，还是其所在院校跳高记录保持者；厨艺不错，能做几道拿手菜：油焖大虾，浇汁儿鱼等；不抽烟；字写得好……

当我说到这里，主持人铭阳先生插话道：“夏天姐姐列举老公的优点时，像一个少女，回到了自己的恋爱时期。”周虹老师在旁边补充说：“像是回到了新婚，哈哈……”

的确，经过这次心理的蜕变，我又找回了我俩初恋的感觉。当时，在老师的“逼迫”之下，我深情地把讲给老公的话又表白了一次，最后，以我自己的方式说了声：“老公，我喜欢你！”那一刻，我流下了幸福的眼泪……

那会儿，也只有我和周虹老师，才知道讲出这句话背后的艰辛！

在这几个月的成长过程中，周虹老师常给我们说这样一句话：“你们是虹汇女人。”也就是这句话，时刻固化着我的行为，处处提醒、鞭策着我。我很庆幸，在人到中年之际，遇到了真正负责任的心理学家、亲子教育专家周虹老师，跟随她学习、修炼、进步和成长。我自豪，我是虹汇女人！在这里，我坦诚地说，我认认真真地上好了周虹老师的每一堂课，没有虚度跟随周虹老师学习的每一天，那是因为，这样的付出是值得的！

通过跟随老师禅修，我更是看清了过去的自己是不完整的，只有使自我变得完整，做到了与自己的“团圆”，才能去成就家庭中的每一个成员，也才有整个家庭的“团圆”。懂得了如何守住自己的能量，守住自己的灵魂，不分裂，不纠结，做到专注，做一个真正简单、纯粹、有能量、有魅力的人。

闭嘴后，我的心静了下来；接纳别人，让我学会了宽容；放下自己，让我变得豁达；忘却过去，让我有了今日的前行。就是在这个感知的过程中，我一步步找到了对自己生活的满足感，开启了“幸福”这扇大门。

再次阅读、修订这篇文章的时候，已是入虹汇一年的时间了。回首写故事的那段时光，似乎只是幸福生活的开始，如今自己有了更多的感慨和收获。在我人生需要帮助的时候，虹汇给了我力量和方向，感谢周虹老师，感谢虹汇这个正能量场，它像一块磁铁，吸引着每一个走进来的人，勇敢朝前走，想不进步都难。现在的我，心更静、更稳、更宽容了，与老公的相处也更融洽了。开口，讲正能量的话；动手，做正能量的事，以正能量的行为方式去影响周边的人。

周虹老师说：“能口吐莲花是因为心莲盛开了。”

是的，现在，我可以自豪地说，我已经是一个拥有“幸福力”的女人了！

默默感谢虹汇，感谢周虹老师！想起姐妹们常说的那句话：“面对生活中的雾霾，你给虹汇一年时间，虹汇给你永久蓝天！”

虹汇，此生与你一路前行。

周虹老师点评

经常有人问我，现在学习晚吗？

不晚，无论你多大年纪，受到多少伤害，或者你犯了多少错，无论你有多笨，或者你进步得有多慢，只要你开始学习，你都走在了那些不曾尝试的人前面。但是，面对老公和孩子，当你想到了却还没有行动，当你说到了却还没有做到，你不要要求老公和孩子先做到！

因为，当你稍有善意，他们马上就会回应甚至跑在你的前面，这是女人成熟后亲人的表现……

女人引领家庭文化的走向。随着年龄增长，经常升级你的语言配置，你的语言就是你的魔咒。你说他们行，他们果真就行！

无论多大年纪，我们永远无法阻止问题的产生。看清问题产生的原因，以什么样的心态去面对问题，这需要一辈子的修行。

好 命

周虹老师一直鼓励我分享自己的故事，她说我的故事中有幸福的方向，可以帮到处于迷茫中的人。我担心自己写不好，我只有小学文化程度。但是我愿意分享，愿意帮助人，我希望家家都能把日子过好。

听人说，1971 年正月的一天，天寒地冻，我生母回娘家时路过一个厕所，就在那儿生下了我。看了一眼是女孩，啥也没管，拔腿就走了。

没有人知道我哭了多长时间，听我爹说，村里人发现时我已经快哭不出来了。那时候，农村最不缺女孩，我身边围了一圈人，都只是看着。

当时我爹才 19 岁。对，是养父，但是我更愿意称呼他“爹”。那会儿，他第一个孩子刚夭折，妻子还有奶水。是爹脱下棉袄把我包回了家，奶奶骂了他一天，但是善良的老人还是把我揣在裤腰里暖了一夜，我算是活过来了。

从我记事起，就经常遭人嘲笑，村里的孩子追着我骂“茅房妞”，那时候我就要强，跟他们对骂，现在看来是自我保护。

上小学了，我上课瞪着眼睛听老师讲，可就是学不会，成绩在班里一直倒数第一第二，还考过零分。那时候，学习学不好就整天在脑子里想，我要挣钱！将来我一定要挣大钱，我一定能干大事，我要有电影里那样的汽车！

现在听周虹老师的课，讲得可真实际！学习成绩不好的孩子不是没有出路，我就是她说的财商高的那种，我现在过得一点都不差。

后来，爹娘又陆续生了三个弟弟、妹妹，我在家成了一把干活的好手。做饭、洗尿布、割麦子、掰玉米、翻红薯秧，啥活都干。睁开眼睛就有活儿，满眼都是干不完的活儿。我从来不冲谁撒娇、任性，更不能表现得没用。娘生气会拧我，爹喝醉酒会摔锅砸盆发酒疯，我小心翼翼生怕多犯一丁点儿错惹他们生气。有一次，我跟爹去地里点玉米种，看我爹弯着腰，穿着一件黑布袄，前面烂了，后面有补丁。看着我心里难受啊，那时候，我就在心里想，我长大一定要有钱，一定要对他们好！不让他们再受苦！就像周虹老师现在讲的"信念"。我从来不抱怨，一心想啥就真有啥。现在我给父母在城里高档社区买了房子，老公还打算年后在老家给他们盖别墅，愿望基本上都实现了。

15 岁时，为了给家里分担些负担，我就去了姑姑家附近的矿上打工，晚上借宿姑姑家。每天睡觉时，我都不敢伸腿，因为表姐会踢我，我只好蜷缩着睡一整夜。第二天，天不亮爬起来做一家人的早饭，我把自己当保姆使，脏活、累活抢着干。白天，拼命干活，我比小伙子都能干，一个月能挣 60 块钱，我寄 30 块钱回家，就想给家里分担些。

17 岁时，姑给我介绍了个对象，那个人住在城市郊区，有工作，家境不错，又喜欢我，家里人都觉得他条件好，嫁给他，我的户口就可以变城市的了。虽然我挑不出他什么毛病，但就是不喜欢他。家里人说："就你这样，想找个啥样的啊？……要是不同意，就离开我们家吧。"我心里痛苦啊，没有人可以说，没有人理解我……我下定决心离家出走。

一个人来到郑州，身无分文，在火车站坐了一夜，想自己的生活，想自己下一步咋办。总是要吃饭啊，第二天，我在附近理发店找了个学徒的活儿干，一个月工资 150 块钱。可是干到月底，老板不发工资。

我一想，理发店里又不是老板干活，我也能干！我也能当老板！咬牙回家借钱，在纬五路开了自己的第一家店。可真是没经验，傻大胆，办证、经营啥都不懂，结果，只干了一个月就关门转让了。可是这一倒腾，居然赚了两万多块钱。我受了启发，开始复制这样的店。找房子、装修、开店，把理发店开起来，再转让。

就是这理发店牵起了我和老公的缘。

有一天，他来理发，戴个眼镜，文质彬彬的，还有点瘦弱，说话特别客气。我问："理发吗？"他看了我一眼，好像有点脸红，轻轻地说："嗯。"当时觉得这个人很不一样，见他第一眼我就有一种冲动想要保护他、照顾他。后来，我们接触就渐渐多起来，聊的话题也多起来。越聊越佩服他，越聊越崇拜他，那时我们常常聊到凌晨三四点，谈梦想、谈目标、谈规划，现在想起来很多都不切实际，但是那时候就愿意一直听他说，跟着他一起激动、一起畅想，甚至一起流眼泪。这就是我要找的男人，那时我的心思跟其他女孩子不同，不认为这个男人是一个靠山，我从来没有想过管他要啥，也没想过要靠着谁，只要他的文化程度比我高，这就行。

他说他第一眼看到我就知道我是他要找的女人。那时候他有一个家里介绍的对象，但他不喜欢。因为那个女孩嫌他没本事，挣钱少，天天骂他"窝囊废"。我老公是一个内秀的人，心里有很多想法，但嘴上不说，对陌生人更是说不出来。他从小学习成绩很好，是他们村考出来的第一个大学生，但毕业后一直不得志，找过很多工作，都没干到底。我们认识的时候，他一个月才挣几百元，连个住的地方都没有，我理发店的收入远远高于他。那时，很多人问我："你看上他啥了？农村出来的，家里穷得叮当响，他自己又不能挣钱，长得也不气派……"每次听到这种话，我都只是微微一笑，从不解释什么。

第一次见我公公、婆婆时，我感觉特别亲切，他们都是农村里常见的老头儿、老太太，满脸皱纹，瘦瘦小小，穿得也不好，还有点邋遢，但是都很面善。我婆婆拉着我的手，眼里噙着泪说："妞，我把孩儿交给你了，家里也没啥钱，这 800 块钱你们看着买点啥吧。"当时我也很激动，对婆婆说："娘，我不看重这个，你把儿子养得这么好，我还要感谢你呢，我们结婚后，你就放心吧，我一定会照顾好他。我不要你啥钱，我们要是没本事，你给再多钱都能花光，自己争气，啥都会有！"就这样，我们没有举行任何仪式，只是去民政局领了结婚证，婆婆家有张闲置的铺着粗布床单的床，扫扫上面的沙子、尘土啥的住下，就订下了一生的姻缘。

结婚激起了我老公的雄心壮志，不久，他就辞去了工作，和朋友一起做生意。当时我还有一点积蓄，不管老公有啥想法，我都全力支持他、相信他。那时候，老公每天都有很多想法，和朋友一起干这干那，但是经验不足，都没有成功，我们的积蓄也渐渐地花得差不多了……

折腾了一段时间没有什么成果，他就有点消沉了。我也不知道为啥，就是相信他，支持他。每天早上，我为他做好早餐，让他吃得暖暖的，再穿得体体面面的，出门找工作、找商机。晚上他总是两手空空回来。看到他失落的样子，我啥也不说，抱抱他，做好一桌热腾腾的饭菜看着他吃。

经常听到身边的女人抱怨生活、抱怨男人，我觉得那样真傻。我从来不抱怨谁，反而一直充满激情，我相信，只要自己能干，一切都会好起来，我相信老公是个干大事的人。

我们的第一个孩子出生后，老公的事业还是没有起色。有几次，我在街上看见他和一群闲人打牌，脸上贴满纸条，一副无所事事的样子。我想不能再这样下去了，大人不吃饭，孩子还要吃饭呢。所以在照顾孩子的同时，我又想办法在街头继续卖水饺贴补家用，像这样的小生意老公当然是不会做的，他说他是要做大事的人，只是一直没有机会施展拳脚罢了。

生活有时候还真是残酷啊，没有钱，再崇高的理想也拿不出手。失业的日子里，老公还经常向我要钱，我二话不说随要随给。我一点都不烦，甚至对他的求助心满意足！有一次，老公竟然对我说："老婆，你比我有能力，要不我在家带孩子，做家务，你出去赚钱吧。"一个大男人、孩子的父亲对妻子说出这样的话，妻子会有啥反应？当时，我并没有像很多女人那样反应强烈，没有抱怨丈夫无能，反而安慰他："老公，不要说这样的话，你是大男人，是干大事的，你是大学毕业，比我有文化。我只是一个家庭主妇，我做的事情不需要你干，你只管做你喜欢的事，就算你去给别人送报纸，我也愿意伺候你。"

这是我的真心话，我每天照顾孩子，照顾家，还要赚钱养家，每天起早贪黑，忙忙碌碌，而老公挣钱不多，甚至经常伸手向我要钱。但是，我就是觉得只要我们在一起，我就知足了。这样的日子一晃就是五年……

在这样的婚姻生活中，我真的感受到幸福，我很知足，从不抱怨老公无能，不自怨自艾，因为我真正拥有了属于自己的小家，有老公，有孩子，我的心从没有这样踏实过……因为他们需要我，不会抛弃我。最安心的是他们离不开我。

也许很多人会觉得不可思议，或者不合逻辑，可人的感觉没有道理可讲，有时候我也会想，结婚后无怨无悔为生活打拼的苦日子，我怎么过得有滋有味？多年以后，周虹老师为我揭开谜底，她说："因为在这样的婚姻中你找到了安全感，文弱的丈夫才让你感到安全……"

老公的家乡有一种水果特产，很早的时候，老公就有一个想法——把家乡的特产深加工,再推向市场。当时,他的哥哥在家乡开了一家规模很小的食品加工厂,每年只有到果实收获的时候,工人才上班,产品大部分销往南方,过完年,厂里没活儿了,工人就放假。

有一次,我老公从他哥哥的食品加工厂批发一批产品,和几个业务员一起到郑州的各大小区推销。起早贪黑卖了一个月,产品销售一空,老公也收获不小。经过这次销售,老公对开发家乡特产系列产品很有信心,并且想到了许多非常有创意的点子和企划方案,我仿佛又看到了当初那个雄心勃勃的老公。可过了几个月,就没了动静。我问他:"为啥不行动啊?"他说:"我是村里走出去的第一个大学生,这样两手空空地回到村办企业,没有面子。"我对老公说:"光要面子实现不了你的抱负,回去吧,我相信你一定能成功!"

还像刚认识那会儿一样,我就在心里认定他是能干大事的人。

就这样,老公回到了老家的村办企业,成了一名基层业务员。他从小学习好,是村里同龄人的榜样,但现在在城里转了一圈,又灰头土脸地回来了,难免会惹人非议。各种流言蜚语时不时传到我耳朵里:"学习好顶啥用,现在还不是要回来?""看来大学生没有能力也混不开啊……"我知道老公一定承受了很大的压力。那个时候,老公的话特别少,整天忙忙碌碌,回家总是很晚。但不管多晚,我都等他回来,进门递上一条热毛巾擦擦脸,然后我们再拥抱一下,互相说说心里话。我知道老公不善表达,但只要看到他脸色不好,我就会逗他说话:"乖乖,怎么了?给姐说说呗……"老公经不住我软磨硬泡,就把苦水一古脑儿全倒给我,我就顺势安慰一下他。第二天,老公仍然精神抖擞去上班。

在当基层业务员的日子里,老公越来越成熟、练达,不管是人情世故还是语言表达能力都有很大提升。几年后,老公被提拔为办公室主任,负责基建项目,每天都往工地跑,回家后总是一身泥、一身汗。我总是对孩子说:“爸爸为了这个家天天这么累,长大后一定要孝顺爸爸。”我心甘情愿给他准备洗澡水,给他洗脚,老公总说:“老婆洗脚最舒服。”

老公在厂里越做越好,毕竟受过高等教育,又经过这么多年在市场上摸爬滚打,他的思路很大胆、有创意、又切合实际,大哥又是敢拼敢干的人,他们两个珠联璧合,把企业经营得红红火火。公司也从一家只有几十人的小企业慢慢发展到拥有几十家分公司,最后到A股上市,成为上市公司,随着企业越做越大,我老公的职位也越来越高,现在已经是上市公司的副总了,中间仅仅用了不到十年的时间。十年前,也许他自己也没有想到会有今天的成就,但我真正相信他是干大事的人。我们的生活慢慢发生了奇妙的变化,一步步向我们希望的样子发展。其实,想想也没有啥奇怪的,就像周虹老师说的,人都是靠信念生活,相信“相信的力量”。

如今,老公已经事业有成,我们也圆了“儿女双全”的梦。

我老公一直有个心愿,想要个女儿。他提出想去领养一个女儿。我说:“乖,你想要女儿,我可以给你生。”老公说:“傻妞,你已经40岁了,再生养太累了,不如领养一个大一点的孩子,养着也省心。”其实,我也想要一个女儿,当时的想法很简单,等老公老了,生病的时候,儿子可以帮他抬床,女儿可以照顾她,比媳妇更贴心。所以,我就偷偷怀孕,谁知是双胞胎,老公知道后非常高兴。记得刚从产房把俩孩子抱出来的时候,老公看到一个是男孩、一个是女孩,搂搂这个、抱抱那个,哪个也舍不得放手。

自从有了女儿,老公说自己是儿女双全,他掩饰不住内心那种喜悦,总是在人前人后夸我能干,还说如果一个女人不愿意为男人生孩子就不是真正爱那个男人。每当看到一家人开开心心在一起吃饭的样子,我内心也充满了幸福感……

有不少虹汇姐妹问我,你都过得这么好了,为啥还来虹汇?为啥还要跟着周虹老师学习?

其实,我是一个很简单的人,对有钱、有权的人不高看,对穷人不低瞧。但是,对周虹老师,我就是感觉不一样。我说不上来太多,就是觉得她讲得实际、实用、在理,能真正帮到人。

我在车载广播上听到周虹老师的节目,又去现场听她的课,加入虹汇。我讲我的0—18岁经历时,别人都觉得感动、励志,周虹老师却看到了真相——潜意识中我一直认为自己命不好!

就像河蚌误食了一粒沙子,这粒沙子不停地磨砺着河蚌娇嫩的肌肤,于是,河蚌分泌出大量的黏液包裹这粒沙子,日复一日,年复一年,最终,这粒沙子变成了一颗珍珠。从小植入我内心深处的被抛弃的恐惧就像一粒沙子,不停地磨砺着我的心。起初,我的心会很痛,但没办法,我没有能力赶走这粒沙子,它一直在那里,提醒我、刺痛我、折磨我……我的心在翻腾,在挣扎,在呐喊,但这都没有用,反而会让我更痛。后来,我学乖了,我平静下来,努力承受这一切。渐渐地,我的心被磨出了一层老茧又一层老茧,虽然这粒沙子还在,但我渐渐感觉不到痛了……

最终,这粒沙子没有变成珍珠,它在我心底,始终是一粒沙子,它代表"恐惧被抛弃"。

所以,当别人都认为的"条件绝好"的对象出现时,我选择出逃。因为,他太优秀,自卑的我认为自己配不上这样的男人,我要寻找比自己更"弱"的男人,其实是我害怕再次被抛弃……那时候,我的潜意识里一直是渴望能掌控自己的命运的,这大概也是我和老公相互吸引的原因。

周虹老师对我说过的每一段话，我至今难忘。

“你的命其实很好，这个世界上每天有多少个婴儿一出生就被抛弃，有的连命都没有了，你不仅及时被收养，养母还有奶水，你像其他孩子一样吃着母亲的乳汁长大，你的命是不是很好？”周虹老师说。

“你的命其实很好，你小学毕业，却能找到大学毕业的老公；你直率，话多，老公性情温柔，话少，谦卑包容，你们恰好互补，你的命是不是很好？”周虹老师说。

“你的命其实很好，因为你害怕失去他而小心翼翼维系婚姻生活，反而成就了才华横溢的老公，你的支撑保障他多年来不放弃理想、始终有思路，得到好契机！如果你确定自己的命很好，未来日子他更可以大展宏图。那时，你会真的柔下来、弱下来，男人是天，女人是地；你蹲下，男人会有真正的尊严，女人要成就自己的老公和孩子，即便是维多利亚女王也要崇拜一个男人，那个男人就是她自己的老公……”周虹老师说。

听了这些话，我频频点头，泪流满面。敞开流泪的感觉真好，好多年，心硬得都不会哭了！

在虹汇，周虹老师心里装着每一个会员，很严厉地督促大家成长，她却没有批评过我，她让我放下防御和内心的恐惧，真正相信老公，相信自己的命很好，相信自己是一个给家庭带来吉祥的女人！

“你很了不起，相信你的老公是干大事的人，大自然最神奇的法则——吸引力法则，信什么，来什么！果然，你的老公成为你内心深处潜意识里最相信的样子！”周虹老师对我说。

是啊，我的命真的很好啊！几十年来，我只知道人要靠自己，要争气，要埋头苦干，要不让别人瞧不起！我从来没敢想过自己的命好，自己是一个能给家庭带来吉祥的女人。

周虹老师说："当你第一次见到现在的老公时，是他的'文弱'吸引了你，他性格温和、安静，虽然赚钱不多，家庭经济条件不好，但所有这些缺点在你眼里就像'金子'一样闪光，你喜欢这样的男人，他让你安心，因为你和他般配，你觉得这样'弱'的男人不会嫌弃你抛弃你！"我恍然大悟，原来那粒被我遗忘了很久的"沙子"一直都在，它不仅造就了我现在的性格，同时，也影响了我的人生选择，那么，今后我的生活还会不会受它影响？我真的不知道。

"你愿不愿意让我把这粒沙子从你心底取出？可能会很痛，甚至比你想象得要痛十倍、百倍，但一旦取出来，你就自由了！"周虹老师望着我的眼睛说。

她说得没错，她看透了我，不管口头是否承认，我还在恨我的亲生母亲。这么多年，我知道亲生母亲在哪里，但我从来没有找过她，甚至没有好奇过她长什么样，我对她的怨恨一直都在，它和我的恐惧在一起，变成了那粒埋藏在心底的"沙子"。

周虹老师说："因为父母给了我们生命，我们才来到这个世界上，仅凭这一点，我们就要感恩，不要再对父母有任何的要求了……"我像许多会员一样放下了对父母的怨，很遗憾我的生母已经去世。不过，在周虹老师家排课的引领下，我终于打开了心结……

周虹老师对我的第二个要求——爱自己。

我听过一个故事：一个勤劳、爱家的女人，最后累死了，见上帝时以为自己一定会上天堂，可是上帝为她打开了通往地狱的门，因为她的去世，使孩子没娘成了问题儿童、老公没人管事业衰败、父母没人给养老送终。可是，听听就过了，从来没有联系自己考虑过。我挣钱比老公多，但是，从来不给自己多花1分钱。我穿19块钱一套的内衣，穿老公穿旧的袜子，我每天早上5点起床，200多平方米的房子一尘不染、井井有条，晚上轮流陪三个孩子，陪完小的陪老二，陪完老二陪老大，最后陪老公，我也笑称自己是“三陪”“四陪”，经常是收拾好洗完衣服到凌晨一两点才睡。

还是周虹老师点醒了我。现在，我跟虹汇姐妹一样学着爱自己。舍得给自己买漂亮衣服，懂得关注自己的身体，也不再像以前那样熬夜了。深深记得周虹老师那句话：“你的命很好！”是的，我对自己说：“妞，这么多年你辛苦了，接下来的日子好好爱自己！照顾好自己才可能更多地照顾你爱的人。”

我爱自己，孩子们也更尊重我。老大对老二说：“百善孝为先，妈妈说的话错的也是对的，我不在家时，你要多帮妈妈干活。”老二才8岁，我提着重物回去，他接到大门口，把手里的东西送到家门口，再回来接我。周末，老三早早起来擦楼梯，完全是我干活的样子。

孩子看到我给老公洗脚，说：“爸，我们也应该给我妈洗洗脚，我妈为这个家付出太多了。”

我给他们的爷爷、奶奶洗脚时，他们就在旁边看着，然后一个一个排着队来洗。

我是个实在人，我也觉得周虹老师教的东西真是实用。我们禅修课学过一节《妻子如何应对生气回家的老公》，不久就让我给用上了。那天，老公从工地回来，脸色特别不好看，很生气的样子。我很镇定，对孩子们说：“你们去里屋玩，不叫别出来啊。”安排好孩子们后，什么话也没说，先去卧室喷了点香水，在客厅的门口静静地站了会儿，走到厨房安静地做饭。一会儿，沏了杯老公最爱喝的绿茶，把水杯放在离他大概1米左右的桌子上，仍然没有说话，静静地看了他一眼，又安静地回到厨房继续做饭。我把饭端上餐桌，看到老公脸色已经没有那么难看了，悄悄走到他身后，用指尖轻轻地在他的后背上划了一下，老公一下拉住我的手，把我拉到他怀里说："搞什么呀，神神秘秘的？"看到他不生气了，笑着说："报告领导，饭做好了！"老公开心地说："大宝、二宝呢？让他们来吃饭！"

课堂上，看到有的姐妹向周虹老师哭诉，自己老公出轨了，或者自己担心老公会怎么样。周虹老师总是教导大家，一个女人，当你自己面前一无所有、还奢望男人提供饕餮盛宴时，死命盯着男人，会把他吓跑的。女人要先活好自己，当自己是饕餮盛宴时，男人那盘菜就是锦上添花了。

这点我也做到了，对儒雅、帅气的老公，我完全信任、放手。在家，老公经常和我、孩子们一起嬉闹玩耍，特别放松。在单位，他领导着几千号人，手下肯定要有得力干将。我认为要有男的，也要有女的，而且还要崇拜他，心贴心跟他干。果然，就真招到了这样一个女孩，在国外留学多年，特别优秀，她说："嫂子，这儿给的工资不是最高的，但是我愿意跟我们领导干，我敬佩他的人品和才华。"我和那个女孩也是特别好的朋友。

跟随周虹老师学习，她的大爱也让我的格局越来越大，我心里冒出一个想法，我想办一家生态幼儿园，可以为当地提供更好的教育资源，也可以公益性地帮助上不起学的孩子，将来也可以把小学规划进来。老公从不支持到支持，最后到赞赏。现在，这个项目已经正式提上日程。

一天晚上，老公教我玩手机，他第一次看虹汇的微信，看到老师对我的表扬，笑了，我问："笑啥？老师还让我给不懂事的女人传授经验，你先给我打打分，作为儿媳妇、老婆、妈妈，能打多少分？"他说："100分。"我说我拿麦克风上台说话害怕，他说没事，我相信你。

真拿麦克风上台讲点啥呢？其实真没啥绝招，就是从不向老公要啥，做好一个女人该做的。

你做到了，你想要的就来了。

周虹老师点评

凡成功男人背后都有这样一个女人——她没知识，有文化！

男人明白，娶了这样的女人，祖祖辈辈都是幸运的……

本故事主人公的伟大之处在于她“顺应天道”，面对命运真相，怀着一颗谦卑之心去爱家人。因为害怕“离开”、害怕“被抛弃”，所以不“折腾”。嫁给一个男人就好好爱他、支持他，安心生儿育女，踏踏实实过日子……守得幸福美满。这就叫“道法自然”。

从来没有注定的不幸，只有对不幸的执着！命运是公平的，生活为你关上一扇门，就会为你开一扇窗。给 A 不给 B，给 B 不给 A，命运不会偏向任何人。

相信自己命好，果然好命……

化茧成蝶

许久没有见面的朋友见到我后，都会惊奇地将我上下打量一番，然后难以置信地打趣我："还是你吗，改玲？你变化这么大，你家里人知道吗？"我笑着说："知道！知道！"当这种场景一次又一次地重复出现之后，我开始有些怀疑地问自己："我的变化真的有这么大吗？"

岌岌可危的婚姻该何去何从？

有一天，我心血来潮，翻箱倒柜找到了尘封多年的老照片。

在翻看照片时，我猛然发现，一个青涩无知的黄毛丫头长成了一个彪悍威猛的女汉子，一个大腹便便的大肚婆变成了一个衣冠不整的小媳妇……从某些时期拍摄的照片上看，甚至还能看到一个提前进入更年期的女人的影子。

几乎不敢相信，这是曾经的我吗？

多年前，我从农村老家来到郑州，经过辛苦打拼，事业蒸蒸日上。不久，我遇到了人生中的另一半，并和他组建了一个和谐、美满的家庭。可以毫不夸张地说，我和老公曾经是被周围人羡慕的一对，也是周围人学习的楷模，然而这一切在我们结婚不久就成为了"历史"。

结婚后，尽管我们不必为柴米油盐而争吵，但物质的富足并未带动家庭幸福指数的提升，工作的枯燥和生活的琐碎，使我内心压抑的情绪不断积累。没有知己，没有社交圈子，心中的苦闷无处倾诉，所有积累下来的苦闷最终都集中爆发在家庭——这个曾经温暖的港湾。

在外人眼里，我始终是一个温柔、贤惠的女人，但在家里，我却是一个彻头彻尾的泼妇：跟孩子吵，跟老公吵。孩子在我和老公的争吵中长大，看起来天生就具备吵架的“天赋”，我说他一句，他能顶我三句。由于和孩子缺乏沟通，导致他的成长出现严重危机。他逃课去网吧，跟同学打架，不交作业，成绩直线下滑。这让我感到非常懊恼和无助！

有时候，和老公的争吵还会波及到婆婆，婆婆认为我是在指桑骂槐，她一气之下搬出了这个家，在外面租房住。这也让老公十分恼火。因为这事，他曾愤怒地将手里的车钥匙“啪”地摔在我面前。当时，我并不服输。我一看他那阵势，心说，好咧，老娘好久没有施展拳脚了。于是，我以迅雷不及掩耳之势把家砸了个稀巴烂。老公恨恨地瞪了我一眼，然后摔门而去。我跌坐在地上哭得死去活来。

其实，老公是个脾气很好的人。刚结婚那时，他对我百依百顺，连洗衣服都不让我动手。但事业、家庭、孩子等各种压力，让这个曾经的帅小伙变成了一个略显颓废的“中年大叔”。不知道从什么时候开始，极少喝酒的他竟然学会了酗酒，并且经常在外面喝得醉醺醺的。看着他一身酒气地回来，我就来气，所以每次我都少不了一顿臭骂。他倒好，只要喝了酒，不管我怎么骂，倒头就睡。

列夫·托尔斯泰曾说，幸福的家庭都是相似的，但不幸的家庭各有各的不幸。我们家庭的不幸就在于无休止的争吵。我不想再继续这种无谓的争吵了，老公也同样不想再继续这种无谓的争吵了。于是，在一次争吵之后，我们决定心平气和地坐下来考虑一下我们的婚姻是否还有继续的必要。

我们坐在一起回忆了我们从相识到相恋，到结婚，到创业，一直到这次争端，前前后后仔细回想了一遍。说到痛心之处，老公哭得像个孩子。

恋爱容易，结婚不易，离婚又怎能轻易呢？但最后我们还是做出了一个看似人道的决定：先这样凑合着过，实在过不下去了，就好离好散，和平分手。

然而，这个和我共同创业，风雨同舟，并始终不离不弃的男人，我又怎么舍得让他离我而去呢？是什么导致我们曾经美满的婚姻到现在走得举步维艰，甚至将要支离破碎呢？我不断地拷问自己，并希望能够得到答案。

正当我一筹莫展的时候，周虹老师极富“磁性”的嗓音从收音机里传到了我耳际，郑州广播电台《亲子课堂》栏目让我耳目一新。我不得不承认，由周虹老师主讲的两性关系课程颠覆了我以往的“两性观”，而她在节目中提到的一些夫妻关系和家庭矛盾冲突简直就是我的生活现状。那一刻，我迫切地希望能见到周虹老师，并请求她给我指点迷津，拯救我这岌岌可危的婚姻。

经过多方打听，我了解到周虹老师一节免费公开课的开课信息。于是，我对老公说：“我要去听周虹老师的课，你该不会不支持我吧？”老公对听课就能改变我们的婚姻现状表示怀疑，但他最终还是愿意陪我一起去听周虹老师的课。

到了虹汇会所，我看到一群穿着旗袍、手拿扇子的女子，扭着屁股走着模特步。在她们中间，有一位女子显得与众不同。她中等身材，雍容端庄，温文尔雅，仪态万方。我有些恍惚，这种场景以前只在电视上见过。后来，我才知道这位与众不同的女子就是周虹老师。

初次见到周虹老师，我有些茫然，不知道她到底是一位什么样的老师。我和老公怀着忐忑的心情找了个位置坐下来，准备认认真真地听一节课。

一开始，周虹老师语调缓慢地向大家问好。我心想，这也就是一个长相富态、见多识广的大姐罢了。但不一会，我的这种肤浅的看法很快就被她的个人魅力所彻底颠覆了。

期间，周虹老师让一位前来听课的姐妹站起来，然后对大家说："大家仔细看看，这位大姐都多大年龄了，还穿着小圆领，并且全身穿的都是十七八岁小姑娘才会穿的衣服！"她言辞犀利地对那位大姐说："这种穿着打扮，你的心理什么时候才能成熟呢？以你当前的心理状态，怎么可能很好地去相夫教子、打理家庭呢？家庭不和谐，就会使你心力交瘁，你怎么可能不显老呢？本想打扮年轻一些，结果却适得其反，进入恶性循环。你都钻进死胡同了，还不知道原因在哪儿呢！"

那位大姐满脸通红，低下了头。

听罢周虹老师的话，我起了一身鸡皮疙瘩。心想，这老师说话也太犀利、太刻薄了吧！如果我老公敢这样说我，那我们指不定打成什么样子呢！

随着周虹老师对两性关系问题循循善诱的讲解以及深入浅出的剖析，我的思绪慢慢地变得明朗起来。周虹老师的话虽然狠了些，但"良药苦口利于病，忠言逆耳利于行"，不下狠手难除病根啊！

当时，我着了迷一般地听着周虹老师的课，却忽略了老公的存在。后来才注意到，周虹老师的课让老公变得坐立不安、如坐针毡，以至于课还没上完，他就起身出去了。几分钟后，他又不安地回来了，并以有事为借口把我也叫了出去。我恋恋不舍地离开了虹汇。其实,在我走出去的那一刻,我知道,我还会回来的,回来见周虹老师!

回家的路上,周虹老师的话依然萦绕在我的耳边。正当我细细回味周虹老师的话时,开车的老公突然情绪激动地大声对我说:“你要是进虹汇,咱们这日子就没法过下去了,肯定会离婚!”

听完老公说的话,我全身的热血一下子冲到了头上。当时,我多么想号啕大哭一场,但看看老公正在开车,我强忍住了。那一刻,我的心上像压着一块石头,压得我喘不过气来。

回到家,我迫不及待地质问老公:“你凭什么不让我进虹汇?你有什么理由不让我进虹汇?”

老公板着脸解释说:“你看看她们那些打扮,那样能过日子吗?能当饭吃吗?还有门口停着的豪车,估计去那儿的都是富婆,你去能学到什么好?”

我不服气地反驳道:“虹汇是帮女人排忧解难的,又没设置什么门槛,凭什么我就不能去?你有本事也给我买豪车!”

老公被我的话噎住了。沉默半晌,他说了句:“我就是不同意!”然后,愤愤地起身离开了。

老公的阻拦并没有改变我去见周虹老师的决心。我瞒着老公偷偷地到虹汇报了名。见到周虹老师后,我把家里的状况告诉了周虹老师,周虹老师问我:“女人要温柔、可爱、有用、性感,你占哪一条?你温柔吗?你美丽吗?还是有用?你连自己都不爱,还想让别人爱你?”周虹老师连珠炮似的发问问得我面红耳赤,无言以对。

周虹老师后来提到见我时的第一个印象就是:一个来自城乡结合部的女人,不会穿衣打扮,两眼呆滞无神,连普通话都不会说,一个毫无生气的女人。她还对我说:“改玲,你过早地放弃你自己了!”

心里极其不是滋味。和老公一起生活了21年，难道我一直就是这种颓废的状态吗？细细想来，周虹老师的话虽然句句刺耳，但也句句在理。我还清楚地记得婆婆总是说："看你这一脸灰，赶快去洗一下吧！"经过周虹老师的提醒，我才注意到这么多年来我从来都没有在意过自己的外表。其实，我最初进虹汇的目的是想改造顽固不化的老公，但没有想到问题的根源竟然出在我自己的身上。

由于是瞒着老公报的名，所以每次去上课时，我就骗老公说："这节是免费课，我不是去学习的，而是去取经、咨询、诉苦的。当我生气的时候，我跟谁说？给你说，咱们容易吵架；给我妈说，又怕她担心；给邻居说，怕别人看笑话。所以，还不如让我去虹汇散散心呢！"老公感觉我说的在理，也就默许了。

一次，两次，三次……老公不但没有反对，甚至也没有提出过任何质疑。我还一直纳闷，这家伙也太好骗了吧！后来我才知道，实际上这家伙早就看出来了，只是假装不知道罢了。

老公渐渐地发现我说话的语气变了，处理家庭矛盾的方式也变了，甚至开始注重形象了。而我的转变对孩子也产生了积极的影响，孩子好像也突然间变懂事了。老公说，他在我身上看到了希望！那一刻，我欣喜若狂，眼泪不由自主地流了下来。我依稀记得已经有很多年没有吻过老公了，那天，我深深地吻了他。我从心里在喊：感谢虹汇！感谢周虹老师！我的家终于有救了！

为爱定制"变形计划"

为了这个家，我愿意付出一切，倾尽所有。所以，我发誓要从头到脚彻彻底底地改造自己！为此，我给自己量身定制了一套详细的"变形计划”。

不管是与老公两个人相处，还是全家相处时，一旦发生口角，我就马上闭嘴。不管对方如何挑衅，话语多么恶毒，我都会一言不发。与老公、孩子说话时，我采用周虹老师传授的“三字经”，保持三个字一句，绝不多说一句没用的话，也绝不多说一个没用的字。最初，老公和孩子都很不习惯。老公就曾揶揄道：“你老年痴呆呀，有啥话你就不能一下说完吗?”这要是在以前，我的嘴肯定会像机关枪一样一阵猛烈地扫射，直到将对方射成“筛子”才肯罢休。但现在的我却一改以前的作风，笑而不答。这样，你有来言，我无去语，自然没有了争吵。

为了让计划执行到位，我做了以前想都没想过的事：请老公和孩子监督我，一旦发现我有违规行为，谁发现的，给谁奖励。此外，我还给老公留有虹汇的投诉电话，如遇到我在家打骂孩子、欺负老公、赶老公出门等恶劣行为，可以直接向虹汇举报。虹汇规定，对于被举报的人员要给予一定的经济处罚。当我忍不住想要发脾气的时候，我就在心里告诫自己：“看在钱的面子上，我就得饶人处且饶人吧!”

除了闭嘴，我还有个绝招，那就是微笑。一有空，我就像空姐那样，对着镜子偷偷练习微笑。平时，哪怕心中有再多的苦闷、再多的委屈，我依然时时保持微笑面对家人。有一次，老公看到我一个人在偷偷地笑，就调侃我说：“你花痴啊，发什么神经呢!”听到这话，我并没有像往常一样生气，相反，我却感觉到特别的温馨。

保持完美身材对于每一个女人来说都非常重要，因为没有一个男人不希望自己的老婆拥有一副S形身材。根据周虹老师的建议，我特地报了肚皮舞和瑜伽学习班。刚开始的时候，我心里一直安静不下来。上着肚皮舞课的时候，我还想着要到虹汇上课。上瑜伽课的时候，我还想着学不会肚皮舞该怎么办。

有一次,在练习瑜伽的时候,我听着瑜伽音乐竟然情不自禁地流起了眼泪。我当时心想,这音乐怎么这么悲伤啊？当我睁开眼再看看周围的人的时候,发现大家对这音乐毫无感觉。我这才明白,原来不是音乐悲伤,而是我自己的心境太过悲伤。正如以前的老师所讲,一个人的心太伤悲,那么一年四季都没有好天气:冬天嫌冷,夏天嫌热,春天怕花粉过敏,秋天嫌秋风瑟瑟,万物飘零。我可不想做像林黛玉那样多愁善感的葬花人。

周虹老师曾经告诉我:"要先学会控制自己的身体,然后慢慢地学会控制自己的情绪。当身体快乐起来的时候,整个人都会快乐起来。"有一次跳完舞回家,老公说:"跳舞是不是能美容啊？我看比你去美容院还有效呢!"听到老公的夸奖,我更加热爱跳舞了。

周虹老师还说:"女人要从一举一动做起,举手投足之间都要做到轻、柔、缓、美。"如今,不管是在外面还是在家里,我一改过去那种风风火火、莽撞冲动的作风,在上下楼梯或做家务的时候,我都会像一片云一样,轻轻地来,慢慢地走。有时"飘"到老公身边,老公还会被我吓一大跳。对此,他曾经调侃我说:"你成仙了？怎么一点声都不出呢!"

回家给老公洗脚是周虹老师布置给我的作业。本来我接了一盆热水,端到老公面前,准备给他好好地洗一次脚,但他说什么也不让我给他洗。到最后,反而是他把我的脚给洗了。

后来,周虹老师在课堂上问我:"给老公洗脚没有？"

我很不好意思地回答说:"我本来打算给他洗脚,但结果呢,给他洗脚未遂,还反被他给洗了脚！他死活不让我洗,你说我找谁说理去呢？"

教室里顿时哄堂大笑。

等大家笑完，周虹老师严肃地问我："那你打算什么时候给你老公洗呢？"

我回答说："今天晚上保证完成任务！"

晚上回到家，我再次准备了一盆热水，端到老公面前。但老公依然不想让我给他洗。我笑着说："你就给你老婆一个表现的机会吧！"老公哈哈大笑，最终还是同意让我给他洗脚了。

在我给他洗脚期间，他对我说："你以前太强势了，你要是还像以前那样，估计咱俩还得接着吵！"

我笑了笑，说："我知道！现在我才明白一个道理：家里有个强势的妻子，就会有一个无能的丈夫；有一个强势的妈妈，就会有一个懦弱的孩子。周虹老师曾经给我讲过，要学会崇拜自己的老公，感恩自己的老公。因为即便是维多利亚女王，她也要崇拜一个人，而这个人就是自己的老公。如果一个女人心中没有这个概念，不管她和谁生活在一起，都注定不会拥有幸福。老公，你是我的靠山，你是咱们家的顶梁柱。"

爱美之心，人皆有之。而男人的爱美之心恐怕要甚于女人，因为女人大多都是为了取悦男人而追求美的。可以说，是男人让女人乐于化妆。但对于我一个不在乎美丑的女人来说，只是依稀记得照结婚照的时候化过一次妆，结婚当天化过一次妆。再后来，对化妆就没有什么印象了。但周虹老师却告诉我说："世界上没有丑女人，只有懒女人！"而我就是传说中的那种懒女人。

其实，每当我看到周虹老师和姐妹们打扮得漂漂亮亮来上课的时候，我都十分羡慕。所以，我暗下决心，一定要学会化妆，做一个漂亮的女子。经过周虹老师耐心的引导，手把手的调教，我现在已经学会了化妆。如今，在出门之前，我都会习惯性地先给自己化个美丽的妆。

我在穿着打扮上毫无概念。不过，我却有一个好助手，他就是我的老公。在挑选服装款式和搭配颜色方面，老公有敏锐的眼光和独特的见解。同样是平时穿的衣服，但经过老公的设计搭配，就能穿出不同的效果。但在以前，老公在我面前谈论街上女孩子穿衣打扮得如何时尚的时候，我总是醋意大发，痛骂老公一顿。所以，我穿衣服的风格总是跟老公的意见背道而驰。结果，无论多贵的衣服，总是让我穿得不伦不类。现在想想，我这是“捧着金碗去要饭”，真是傻到家了。

会过日子的男人往往显得比较“抠门”。今年，我们的房子刚刚装修好，但窗帘还没有装上。我准备买新窗帘，谁知道老公竟然不让买，他把家里15年前的旧窗帘装上，又把他妹妹家准备扔掉的旧窗帘拿了过来也装上了。

窗户多，旧窗帘不够。我很不高兴地对他说：“咱们搬到新家，极需要一套新窗帘，所以我想买！”

老公却劝说我：“我看那种窗帘都不咋好看，并且价格都那么贵。他们不是在抢咱们的血汗钱嘛！”

“那还安窗帘干嘛？不安窗帘打扫还方便，还不如不安呢！”

“不安，白天休息时屋里太亮。”

从妹妹家拿来的窗帘有点长，还得拿到裁缝店截短。于是，我对老公赌气说：“去什么裁缝店啊！你面前不就有一名好裁缝嘛！”我直接拿起剪刀，三下五除二就把多余的窗帘剪了下来。剪完后，老公说：“下边还得整。”

我说：“不用，你不是省钱吗？”

于是，我点了一支蜡烛，用烛火把窗帘的毛边烤了一遍。弄好之后，老公哈哈大笑，并说：“这连裁缝钱都省了哈！”尽管这是一件原本让我不怎么开心的小事，但老公逗乐的话却让我变得开心起来。

去虹汇上课的时候，我在课上提到了我和老公装窗帘这件事。周虹老师说："首先，你不想要旧窗帘，你得拿出你的一套方案。"可是，对于装窗帘一事，我毫无经验，所以也没有任何方案。而周虹老师却说："你应该对老公这样说：亲爱的，你是做大事的人，这点小事你就不用操心了。"听了周虹老师的教导，我下定决心，一不做，二不休，直接去窗帘店定了新窗帘。待窗帘做好后，我对老公说："老公，窗帘我已经订做好了，你就不用操心了。"老公当时也没吭声。窗帘装上几天后，老公说："开始那几天，我看着窗帘不咋习惯，后来想想，窗帘这件事，有你这么勤快的好老婆，我也就不用再操心了！"

我们家在2002年曾经买过一套椅子，但由于时间过长，皮子老化，常常往下掉皮屑，一坐一屁股渣，让我十分苦恼。我早就想把椅子扔掉，但老公不让扔。搬到新家后，我看着那些椅子心情很糟。于是就"逼迫"老公，让他立刻把椅子修好。老公想把椅子拿到外面修，但我不同意，老公最后扔下不管了。当时，我还真不服气，我想，你不管我管！于是，我搬起椅子看了一圈，拿起螺丝刀，把椅子"大卸八块"，然后拿起皮子，自己开始修理起来。六张椅子用了三天的时间，最终还是被我包完了。不过，我可怜的小手不知道被针扎了多少下。

几天后，老公没头没脑地笑着对我说："老婆，你这几天挣了好几千块钱啊！"

我疑惑地问："我干啥挣了几千块钱了？"

"这套椅子买时花了6000多块钱，这不等于咱们家又买了一套新家具吗？"

"抠死你吧！"我笑着责备他。看着老公开心地笑，我也有了成就感，就不再跟他生气了。

幸福青睐愿意改变的人

2014 年五一小长假，我们和虹汇会员一起去红河谷旅游，老公带着烧烤炉，还带了鸡腿、鸡翅、鸡心、羊肉、香肠、土豆等，十分丰盛。

到了场地，老公就把烤炉支上了。虹汇宝宝们看到了那么多好吃的，就围了上来，七嘴八舌地说："叔叔我要吃鸡腿！叔叔我要吃香肠……"

老公很有耐心地对他们说："想吃的话，排成一队，按顺序来，人人都有份！"老公一个人烤着，供那么多孩子同时吃，一直到中午，孩子们才吃饱，随后才轮到我们这些大人吃。其实，早上为了准备烧烤，老公早饭都没来得及吃。看着大家吃得津津有味，我心想，这都是老公的功劳。现在我改变了，也真真切切地看到了老公的好。

时间一天一天过去了，在周虹老师的引领下，我的成长和变化悄无声息，似乎无法察觉，但老公、孩子以及整个家庭的变化，我却深深地感觉到了，并且享受着这些变化带给我的幸福感。

老公不再酗酒了，开始抽时间陪我和孩子看电视、下跳棋、玩脑筋急转弯……更加让我意外的是，原来懒得健身的老公现在竟然还开始陪我锻炼身体了。老公做菜也很好吃。我已经很久没有吃过老公做的菜，但现在我又能经常吃到了。老公的思辨能力很强，以前吵架，我是因为说不过老公才大吵大闹的。现在，老公说话方式都变了，不再得理不饶人了。有时候，我感觉我们像是回到了初恋。

老公开车带着我游山玩水，非常开心。我们去过华山、太白山和九寨沟。在太白山上，老公对我说："多带点衣服，山上很冷。"在山下时穿短袖都出汗，所以我勉强就带了两件衣服，没想到山腰竟然像冬天一样冷。白雾扑面而来时，我冻得浑身哆嗦。这时，老公拿出了自己最厚的衣服穿在我身上，不但温暖了我的身体，也温暖了我的心。在山上，他从包里拿出灶和锅，烧水让我喝，还给我煮面吃。

在我们继续向上爬的时候，我实在是爬不动了。那时的我又冷又累，还有点缺氧，喘得非常厉害。山上旅馆很少，老公发现了一家小旅店，一个房间可以住14个人。老公租了两个床铺，把我安顿了下来。幸亏老公有先见之明，因为没多久铺位就被订光了。这一路老公对我的关爱和照顾，让我非常感动。我开始崇拜我的老公了。

今年国庆节，虹汇举办演唱会。我心想，唱歌没问题，不就是多听、背会歌词就行了嘛！但谁知道想起来简单做起来难，尤其是对我这个五音不全的人来说，十分困难。当时，我选的歌是《奉献》。我还没唱几嗓子，老公就听不下去了，并且对我说："要不咱换一首吧？"我不同意，因为这首歌的歌词我已经记了一半。老公说："唱歌要大声，这样才能让自己听到自己的歌声。"后来，我唱着，老公用手随着高低声给我指挥。老公还专门为我把音箱、扩音器、话筒装好……老公为我做的这一切都让我十分感动。

就在演唱会的前一天，我练习唱歌，唱着唱着就哭了。这时，老公站起来抱着我说："怎么了？"

我微笑着说："没事，这是激动的眼泪。"老公为我擦干眼泪，并拥抱了我几分钟，这让我倍感温馨。

国庆节那天，我顺利地唱完《奉献》。老公还特别为我拍照录像，留作纪念。其实，这里面有一半功劳是老公的。

前不久，周虹老师讲《为人父母必修十堂课》时，让大家邀请自己老公一起去听课。在课堂上，周虹老师说："谁能一卜说出自己老公的十个优点，请举手。"我马上站了起来，看着老公的双眼，牵着老公的双手说："1. 老公孝敬老人；2. 老公心地善良；3. 老公诚信；4. 老公口才好；5. 老公做事细心；6. 老公长得帅……"还没有等我说完，我就看到老公眼里幸福的泪花快要流了出来。他也不顾周围起哄拍照的姐妹们，就直接给我一个紧紧的拥抱。

晚上，在昏暗的灯光下，老公用手轻抚着我长长的秀发，并吻了我的脸颊。我的头贴在老公宽厚的胸膛上，那一刻，我听到了老公的心脏在“砰砰砰”地跳动着，我的心跳也逐渐加快，我的脸变得火辣辣的烫……

在我改变的过程中，孩子的变化其实也蛮大的。从学习到生活，全部都是他自己打理。每天向我道早安和晚安，坚持教我讲普通话，帮我做家务。我和老公再也不必为孩子的教育问题而伤神了。

在孩子的提议下，我和老公诚恳地向婆婆道歉。婆婆看到整个家庭的变化，终于搬回来住了。现在，我们全家人生活在一起，其乐融融。幸福指数已经无法用数字来表示了。

这就是我，一个与过往一刀两断的我，一个后知后觉但心甘情愿为家庭付出努力并最终收获幸福的我。

周虹老师点评

没有人爱的女人，一定是把自己弄丢了。

自己都不爱的人，家人习惯不把她当回事。日久天长，付出没有回报，怨气深重。女人变得面目可憎、爱用言语攻击。把孩子和老公推得越来越远，她一张嘴，家人就发狂、逃离。

家里有这样的女人，家庭沟通是唠叨、争辩、吵架、攻击、否定。女人落伍了，跟不上男人和孩子的时代！

究其深层原因，女人精神贫瘠、观念落后。

你把自己弄丢了，还是自个儿找回自己吧。真正做到“活在当下”。女人是平静的，一家人的幸福就来了。

找回花样年华，花容月貌，人人看着赏心悦目。说话以成就男人、孩子为目的，双方皆大欢喜达到沟通目的。成就家人也成就了自己！无论如何，女人要与时俱进，不能被落下了。

深远说，作为女人，当你能够接纳并且驾驭多种服饰时，你是宽容的、豁达的、富有的、自由的……

你在前面走，男人在后面追……

长大

幸福都去哪儿了?

犹豫了许久,还是要用笔尖记述过往生活,尽管没有不堪,但还是需要些勇气。

从小到大,我的生活节奏总是比别人“快半拍”,早早上学,早早毕业,毕业后顺利找到工作,参加工作的第一周,就偶遇从省城来出公差的他。

一切,都像早已有了安排。

俊朗的五官、富有磁性的声音、雪白的衬衣,还有那来自省城的神秘感,是他留给我的第一印象。但仅此而已,我从来没把他和我的生活做过任何联想,我当时只是个懵懂的十七八岁的小姑娘,而他已经是二十七八岁的样子,一身满满的自信。

我们遇见后大概三五天,他认真地看着我说:“我爱你,你就是我这辈子要找的媳妇。”我本能的拒绝背后,是窃窃的甜蜜。

面对父亲的极力反对,他一次次登门,发动亲戚、朋友,甚至我的中学校长,最终,深爱我的父母为我们送上了爱的祝福。回忆起来,我好像什么都没做,就懵懵懂懂地嫁了,然后,背着少少的行囊随他到了陌生的省城。

我们“爱的乐章”在这样旋律分明的序曲中拉开了帷幕,他似乎是迎回了一个不谙世事的小妹妹。

他十分宠爱我。我每天下班第一眼就看到他等在门口。晚风中，坐在自行车前杠上的我和他一起收集别人艳羡的目光。到家后，他就给我做饭，尽管他并不拿手。他出差时，每天都会给我打好几次电话，怕我一个人在家孤单，还买了我喜欢的布娃娃陪我……那种甜蜜，真是简单、纯粹。

可是，不经意间，他偶尔也会看着我说“姑娘，你什么时候才能长大”“姑娘，爱是付出和索取并存的”，我沉浸在爱的甜蜜之中，却不懂他说这些话的意味。

什么时候开始的呢？我开始熟悉这座城市，熟悉同事，熟悉妈妈群，熟悉身边的环境，开始学会比较、挑剔、指责，开始不再那么崇拜他……他看着我说：“你长大了。”却看不出他说这话时脸上有欣慰的感觉。

他似乎不那么宠我了。

女儿7岁、儿子5岁时，做了全职妈妈的我，视线重新锁定他们爷仨。半年的新鲜劲儿过后，当别人羡慕我儿女双全、衣食无忧、受家人宠爱时，我却开始了无休止的抱怨。抱怨老公不够优秀、抱怨孩子不够听话、抱怨自己为家付出太多。一句话、一件事，做饭时会想，洗衣服时会想，越想越委屈，芝麻被想成西瓜大。

老公终于忍无可忍：“如果你觉得委屈，你可以选择出去工作，我在家带孩子，你来养家！好不好？前两年不用你负担家里一分钱的开支，第三年开始你再负担开支，好不好？”

晚上，老公也会和我真诚长谈，每次谈话都使我像打了鸡血般继续战斗在厨房第一线，可几天后，混乱依然。

老公开始越来越少和我聊天，因为他的工作，我们聚少离多的日子越来越多,我们的争执越来越多。

孩子们就在这种混乱、争执中慢慢长大。一直懂事的女儿和原本开朗的儿子开始厌学,封闭自己,集体对抗我们。

我们痛苦、抓狂,却无计可施。又一次因为教育观念有分歧而争吵后,老公伤感地说:“我们跟以前不一样了,我们跟以前不一样了!”

痛,让人清醒。我开始反思,为什么?为什么家里的每个人都满腹委屈?我第一次开始问自己:我到底怎么了?

“镜子”里的修行

2013年的平安夜,圣诞老人送我一份大礼——我见到了周虹老师。

温暖的红酒会所,她着一件披风式的驼色毛衫,精致的妆容、别致的发带、时尚的短靴,优雅中透着帅气,是我喜欢却不敢尝试的风格。

每个人只有5分钟与周虹老师对话的时间,不用我过多表达,周虹老师一针见血:“你多大了?……俩孩儿了?看着还是个小姑娘……明明已经为人妻、为人母,却还是不愿长大,不愿承担,生活一定会是混乱的……”

我一直引以为自豪的装扮,青春靓丽,不好吗?我的心态年轻,不好吗?我不想长大,这样一直有人宠着,不好吗?……第一次,周虹老师摆出一面镜子,让我重新看自己。

众人面前难为情,内心却激动不已——周虹老师就是我要找的能帮我的人,她有一双慧眼。

和大多新会员一样,我也希望周虹老师像救世主一样帮我解决问题。或许,可以表达为,我没有问题,我的家人有问题,我改造不了他们，我无能为力了，需要周虹老师帮我搞定他们。

事实证明，我们错了。

一次，新会员做自我介绍，走上台拿起话筒，我开始说话，一会儿，周虹老师打断了我："这个女人，如果没有人让她停下来，她都能把人说疯了，没有停顿，没有断句……在家里，老公和孩子什么感觉，你能体会吗？生活是需要留白的，你知道吗？留白是给别人自主成长的空间和机会……"

瞬间无语，强势？唠叨？这些特质和我搭边吗？

僵硬地笑着掩饰尴尬，内心在挣扎："我是这样吗？"但是生活中无力解决的痛又促使我继续听老师说下去。

"从现在开始，每句话只能说三个字，不行就下去。"周虹老师说。

面红耳赤的我竟然做到了，走下台的瞬间明白了周虹老师的良苦用心。"三字经"式的表达方式，张口必先过脑，无形中又给语言加了一道滤网，废话、伤人的话自然就少了，语速一慢，攻击性自然就小了。

周虹老师说："你要坚信，老公没有问题，孩子没有问题，女人引领家庭文化。如果现在俩孩儿都生病了，你还有要求吗？其实，这个家里是你'病'得最重，好好成长吧。"

叹服之余，运用到生活中，电话里把"三字经"式表达方式分享给老公，他说："有道理，这个我也需要练练。"我窃喜，以前他会极力反对这种活动，以前他不愿听我说这些……不是他不愿听，原来是我不能好好说。

趁热打铁，我开始深度清理。杀鱼、清理房间，都是让内心有序的好方法；录了和周虹老师沟通时的录音，反反复复听，让自己静一些，再静一些；听从周虹老师建议，我开始出入健身房；开始在微信朋友圈里发孩子和老公的好，开始试着去温暖他们；每有挑战项目，就在心里默念周虹老师说过的话:“21 世纪了,你已经不是过去的小女孩了,已经是两个孩子的娘了,有一个很好的丈夫,有一双可爱的儿女。”

我开始试着放下孩子的问题:晨跑时,不再关注他们有没有锻炼,只是开心欣赏难得的雪景;早餐时,不再关注他们有没有早起,只是好好搭配个营养餐宠一下自己;午餐时,不再关注他们有没有帮忙,只是像个真正的亲娘,扎起围裙,亲手包上一顿他们爱吃的饺子;晚上,不再关注他们有没有学习,只是用心感受下一个人踏雪观景的宁静……没有抱怨的生活,心是稳的。

慢慢地,孩子们都出屋了;慢慢地,老公越来越恋家了,他对我说:“你越来越可爱了。”

大年三十,我张罗着上香、摆贡品,第一次有了家的女主人的感觉。

正月十二,老公生日。提前三天,女儿独自公交加地铁跑到服装市场,买了毛线,拜了一位大婶为师。赶在爸爸吹蜡烛时,女儿捧出了一条暖暖的围巾和一张精致的卡片。

2 月 14 日(当年正月十五),情人节,老公送我一枚戒指,送给女儿一条手链。

儿子心疼抽烟的老爹,主动一杯接一杯地给他端水喝。餐后,两人争着刷碗。

形势一片大好中,新学期开始了,孩子们重新踏上征程,我送孩子们上学后,一个人走在院子里,感觉天那么蓝,太阳暖暖的。

看着他们爷仨一天天跟我关系好起来,我的弦不知什么时候又开始松了。

渐渐地,我忘记了初衷,忘记了曾经的痛,忘记了老师说的“三个月不要结果”……我又开始催促、又开始唠叨、又开始看谁都不顺眼……终于,一个早晨,到点了,孩子又赖床不起,我又点起了家里的“火”……冲动中,老公摔了孩子手机,他们的门又对我关上了……

周虹老师说:“就当你今天刚认识我,重新开始吧。”

一切又回到起点,心好痛。尽管,这次我和老公之间没有争吵,彼此疼惜。

剩饭总是难热吧,没有了最初的激情,没有了最初的信念,又怎能轻易找回当初的状态?

面对整日昏睡的女儿,心疼却无计可施;面对讨厌学校的儿子,内心沮丧不已。对于老公,口头没说,心里还是有抱怨的。记住自己是虹汇学习的人,该闭嘴的闭嘴了,该做的都做了,为什么就回不到曾经的状态呢?

快要崩溃时,老师的一句话点醒了我:“你以为不说话就可以了吗?你的对抗都在心里藏着,在脸上写着呢。”

唉,做比说难啊。

愚人节,虹汇独树一帜话真诚。老师先剖析“真诚”一词,然后每人5分钟时间给自己的“真诚”打分。起初,我不以为然,心想:善良、真诚一直是我的优点,可生活中我依然迷茫啊,整这有啥用,还是告诉我咋办吧。但是,听大家分享、老师点评,半小时后,我渐渐坐不住了,轮到我时,老师问:“对自己真诚吗?对老公真诚吗?对孩子真诚吗?”那一刻,我哑口无言。

像一面镜子,再一次照出蒙了灰尘的、真实的我。十多年的婚姻生活,我总想做个被大家庭所有人认可的好人,怕得罪任何人,唯独怠慢自己和自己最亲近的爱人和孩子。一味听话,不懂拒绝,把自己塑造成“万金油”,哪都能用,却最没价值,算是对自己真诚吗?看谁都好,唯独不崇拜自己老公,在大家庭面前做好人的潜台词是“我比他好，比他懂事"，这算是对老公真诚吗？看谁的孩子都好，唯独不心疼自己孩子，全心全意疼了侄子十年，只是想让别人说自己"好"吗？成全了别人却忽视了自己孩子的童年，这算是对孩子真诚吗？曾经，女儿说："在这个家，我像是多余的，没有人知道我多孤单。"儿子说："好像表哥才是你亲生的。"老公说："为别人办事，你都跟奉了圣旨一样。"

这十多年，我到底做了什么?!

周虹老师说："没有你，家里的事一样会发生；没有你，家里的事一样会解决。恰恰是你的多余的掺和给老公帮了倒忙。在这个世界上，你不需要讨好任何人，你只需要真诚，真诚面对自己。"

当众流下的眼泪，背后是一颗忏悔的心。

之后每周一次的虹汇活动，老师一次次对我说："要真诚，要真诚接纳家人。"每次都觉得老师说得对，甚至没等她开口，都知道要怎样，每每虔诚地应答："您说得对，我回去一定照做。"可是，回到家，就像着了魔似的又回到了原来的轨道，生活中，依然那么多"刺"，我依然迷茫，依然无助，那种痛苦、挣扎岂是文字可以描述的？我开始讨厌任何心灵鸡汤类的文字，即便是老师的录音也感觉没了色彩。

对于虹汇，感觉像溺水的人拼命抓住一根救命稻草，却根本无力借它上岸。我开始质疑。

黑夜里，我一遍遍问自己："到底怎么了？为什么又搁浅了？到底哪儿走偏了？"

眼瞅着我一次次缺席虹汇活动，睿智的老师没有抱怨，没有催促，只是给我一个新的机会——和她一起走进郑州广播电台荻兰和路研主持的《亲子课堂》节目直播间，讲述我的成长故事，讲述老公由反对到支持我学习的过程，讲述女人们"枕边的高人"。

当天,老师比往常去得都早,她说:“早点去吧,这个家伙该紧张了。”我的鼻子酸酸的,无言中,老师心里一直装着我,她懂我,曾经,我以为如此这般反复,她快要放弃我了。

节目播出后,众多听众通过微信发来加好友的请求,大家纷纷在自己的微信上转发链接,我没有发——因为我觉得它不够好,有太多的理由不敢让家人和朋友听到。

课堂上,我依然纠结于自己的问题,老师厉声质问:“梁敏,和老师一起上节目是耻辱吗?大家都在转发,为什么没有看到你发链接?……大自然给你想要的,你自己都不敢发出呼唤,你凭什么得到?如果这样,以后我也不帮你了!”心有委屈,却无言以对。结束时,一个人悄悄溜出来,不知如何面对。

痛楚中,我仿佛又看到了镜子中的我——对自己苛责,始终只看缺点,确认自己不完美,然后怯懦地盖住……拼命掩藏,却被当众生生撕开。痛,不可言喻。

痛过便是抉择,我选择面对。在厨房,伴着泪水,我在心里一遍遍默默呼喊:“来吧!我不再躲避,我愿意成长!我愿意承担!”

打开录音,反复听。1个小时的节目,其实也还可圈可点。豁出去了,who怕who!发到微信朋友圈里,立即收到“赞”声一片;选个时机放给老公听,没有遭遇事先担心的嘲讽、打击,只有暖暖的笑容和大大的拥抱,居然还有夸赞。

为什么是这样?他们不是应该嘲笑我吗?老公不是应该打击我吗?难道这都是自己给自己设的坎儿?生活中还有多少这样虚设的坎儿?

仿佛蜕去一层壳,轻松中有自信和喜悦在萌芽。

结婚纪念日,老公举起酒杯:“老婆,打我看你第一眼,就知道你是我要找的人，这辈子，娶你，不后悔。”

突然间，又找回那种叫做“甜蜜”的味道。偶尔发个小烧，老公呵护备至。生病了，看医生时被他牵着手，到家后，他忙活半天，一声轻唤：“乖，吃饭了。”仿佛又回到15年前。

大自然仿佛真的听到了我真诚的呼唤，虹汇第一期的禅修班，20个名额，我幸运地成为其中一个。

其实，如果没有之前的“上节目事件”，我是不会如此积极的。

终于等到了那一天，穿上老师特意为大家定制的禅修服，走进郊外古朴典雅的瑞禾园，辟谷、打坐、催眠、品茗、养心、养性……

站在草地上，沐浴在阳光下，闭上眼睛，放空自己，只留一颗跳动的谦卑之心，第一次体验身心通透的感觉。

闭目打坐，起初，耳边满是悉悉窣窣，偷眼观望，老师稳若磐石。待大家换过N多遍腿后，老师睁开双眼，娓娓道来：“老师和你们一样会疼，可是真的那么疼吗？其实不是身体不能忍受，是心不静，不相信自己可以坚持。”听她讲鹰重生的故事，轻柔的声音，仿佛有催眠的能量，大家似乎都被输入了新的程序，接下来的打坐时间，只有轻柔的音乐，只有发自内心深处的定和静，偶尔飞进来一只苍蝇，也是静静地停留，悄悄地飞走。

静下来的女人好美，有一种神秘美。身体的疼痛已化作顿悟，生活中的我何尝不是如此，没有目标，没有方向。惹得我一次次咆哮的事真的有那么严重吗？真的不是我心里没谱、小题大做了吗？没完没了的折腾，让事情变好了还是变糟了？“我是一切的根源”，看来这话是真的。

回来的路上，和周虹老师说起这些，她说：“你是个高人。缺点，想的多做的少，甚至只想不做。一个字，懒。”一语惊醒梦中人，这才是我搁浅的原因。初时激动,说啥做啥,一旦渐入佳境,少了执行力,就陷入空想、无果,然后纠结,然后质疑,然后钻牛角尖,然后逃避。像我这样,搁浅是早晚的事。

到家后,翻看每个虹汇女人和老师一起的合影,我发现一个奇怪的现象,这些女人,年龄都比老师小不了几岁,有的甚至比老师大,可是为什么照片中的老师看起来总是像个妈妈?一张张翻,一遍遍看,感到老师除了强大的气场外,还有一种叫"温暖"的特质,这不正是我一直希望修炼的吗?周虹老师仿佛真是收了一群不懂事的闺女,不懂人性,不能自爱,不谙相夫,不会教子。老师从教导大家"学说人话"开始,整理衣橱、做一日三餐、健身、注意形象、爱上孩子、崇拜老公、修一颗谦卑心……所有这些,她都以身示范。书上描述的理论境界,就这样以活生生的模板展现在我们身边。我什么时候才能成长为周虹老师那样温暖的女人,像大地一样,可以承载我亲爱的爱人和孩子?

两天的洗涤和顿悟,心像褪去了一层外壳,柔软、坚定。我在心里默默感谢所有曾经让我为之烦恼甚至痛苦的生命:"感谢你们帮助我调教生命能量,感谢你们引领我成长。你们都是大自然派来助我的。感谢你们,我的贵人。"我依稀看到了自己前方的路——想做一个像周虹老师这样的人,照亮别人,温暖自己。我知道这还需要很长的修行。

几天后,和老师一起参加的一场晚宴,仿佛是为这堂修行课加了一个实践版的注脚。

宴会主人是一位身家过亿的老总,起初,我对他并无太多好感,可是,及至他的妻子落座,讲起他们优秀的孩子,讲起女主人对公婆的常人难以做到的孝敬……这位老总与妻子彼此眼神、肢体、语言上的默契,互相支撑,让在场所有人都在心里为这个男人、为这个家族加分。

原来,女人才是家里"风水"好的保证,要不怎么只有"旺夫"而没有“旺妻”之说呢?

女人如水,如水的女人在家庭关系中,一定能就下,托起全家。

晚上,和老公牵手走在路灯下,感受彼此掌心的温度,我决心试试周虹老师给出的另一个“药方”——给老公洗脚。

尽管互相端端洗脚水、递递毛巾,这都做过,可真的以谦卑心低下头、俯下身给对方洗脚,我还真没试过。

老公嘴里说着“不用不用”,脚乖乖伸进盆里。我低下头,握住这双大脚,心一下子就被触动了……十几年来,我们也算是一起经历过大风大浪的了,可是无论贫穷、富有、动荡、安宁,他都像一棵大树,始终护着我和孩子,护着这个家,这双脚走过多少坎坷,受过多少委屈,却没有得到过应有的呵护。

像呵护一件宝贝,细细揉搓……我眼中渐渐有了泪水,抬头,迎面是他深情的目光。

从此,只要老公在家,洗脚是我必做的功课,即便全家出游,每到一处落脚地,我也会用热毛巾敷上,像模像样地把他的脚捏上一番。

老公大呼:“我得感谢周虹老师啊,真没想到媳妇还能这样!真没想到这辈子还会有这待遇!”

这让我不由得重新审视这个与众不同的周虹老师。

周虹老师还真是与众不同。健身房,她是运动高手,她的瑜伽水平让我震惊;课堂上,她是众人的女神,仿佛已看透人性,立足云层之上,世间所有问题于她都能用爱解决;她没有课表,没有教材,甚至有点不按常理出牌,但是,她的口袋似乎有N多面“镜子”,被幻化成一个个独特的活动,让每个人照出真实的自己,遇见未知的自己;她以强大的气场、足够的真诚鼓励你面对、打碎、重装崭新而鲜活的自己……

不等我想更多,周虹老师又给了我一面“镜子”。

夏天的一次虹汇活动，周虹老师给每一个虹汇会员拍了一张特殊的照片。我的照片上，我平举双手，救世主般想要托起所有，来证明自己有多“高明”，背后站着“完美”的代表，面前蹲着侄子和亲戚朋友的代表，对面不远处站着我的无法靠近我的两个孩子的代表，还有一脸疲惫、不堪重负的老公的代表。

这就是过去生活中的我的真实写照，尽管这半年已经深刻意识到了，但拍照那天，看到对面的“孩子”因为被忽视而委屈、无助、冷漠的眼神，看到“老公”疲惫得弯下的腰，我还是哭了。

这泪水是对过去的告别吧，是该真正长大了，长成和他并肩站立的树，共同撑起我们的家。

当我用微笑代替抱怨，用谦卑代替狂妄，用接纳代替指责，用暖语代替冷漠，我想要的就真的来了。

以前，我总是羡慕邻居家的小夫妻一起接送孩子，对此，老公不屑一顾；以前，我期待他多关注青春期的孩子，他多半不耐烦；以前，我要求他对孩子多些耐心多些爱，结果不欢而散；以前，我责备他不顾家、在家少，他怪我不理解他…….

现在，他每天早起和我一起送女儿和儿子上学，携手目送孩子昂首步入校门，心里是满满的欣慰；晚上陪我们下楼锻炼，起初儿子一百个不乐意，他没有说教，只是身体力行引领，第三天晚上，已经是儿子在前面跑步而我们并排跟在后面快走了，这画面仿佛是一次“家庭序位排列”；五一国际劳动节，我们第一次不带外人地出游；暑假，再次的“四口之旅”曾经渴盼许久；当我不再指手画脚，和谐才崭露头角，他对孩子完全没有了之前的暴躁，看他们一起开心互动，此刻，他的心一定是柔软的；他说，在外面奔波，想到家里的我们，干活是有劲的……

通过虹汇学习，我发现生活中还有一面“照妖镜”——孩子。

开学不久，孩子们再次出现问题，让我看到自己沾沾自喜的成长华而不实，不堪一击。

周虹老师说：“你什么时候开始跟我们玩真的，什么时候不再活在脑子里了，什么时候在内心真的信我们，才真的有救。”

大概，脑子代表人的意识层面，内心代表人的潜意识层面，脑子坚决要追随周虹老师朝幸福前进，可是，真正支配自己行为的还是内在惯性的质疑、分析、“防护”。

到底是哪个“梗”在潜意识里作怪？

照、照，继续照……有一种快要触底的感觉。

通过肢体语言课程，我看到了自己的僵硬、毛躁、敷衍，看到自己不做女人好多年。

通过催眠，我看到自己童年时的委屈，看到自己生命中最重要的人是老公，看到女儿是自己潜意识中的“接引者”，看到儿子金子般的“简单、纯粹”。

通过再次禅修，我看到自己的肤浅，看到“定”“守己”是我下一年要修的功课。

通过“家排”，我看到自己在家庭序位排列中的越位，对父母的评判、不尊重，看到自己对老公、对儿子的评判、不接纳是源于和父亲的关系，对女儿的责怪也是源于和父母的连接。

《幸福鱼骨图》——《幸福》《我》《自爱》《两性关系》《教育》，下设若干分支，逐项自评打分、姐妹们投票、周虹老师点评，是对过去一年成长的系统梳理、客观检测，也是一次真正细致的内观。终于看到了自己的“狡猾”，看似努力修行，实则边缘徘徊，听得多，动得少，浮于表面，自欺欺人。即使被老师比作熟悉所有路线、善于逃跑的“狐狸”，也不再委屈，不再难为情，只有被看穿后的心服口服，被指明道路后的轻松通透。“女神”立足于云层之上，照出“小狐狸”的所有路线，这逃跑游戏真的没法玩儿了。

没有了退路，只能往前直走了。

我终于懂了，全心全意爱自己的老公和孩子，那并不代表对父母的背叛，对父母的爱，也不是意识上的捆绑，努力过好自己，传承幸福才是对父母、对生命最好的报答。

我发现我已经拥有足够多，我开始真正看到自己的好，我深深感恩父母给予我生命和所有的好，我发现他们是我这辈子最正确的父母，无人可以替代；当我放下手中的“尺子”，我发现老公如此优秀，还有点可爱，我发现自己每一步成长都有他的功劳，每次成长的模式都是他“触动”——我“行动”，我终于发现，他是我这辈子最正确的选择，是最棒的“陪练”；我终于发现，我的孩子们也是我这辈子最最正确的孩子……

周虹老师曾说：“每一个在青春期出现问题的孩子，都是一个高贵的生命，因为他们知道自己的家庭文化出现问题了，他们要用自己的行为阻止这种恶劣的家庭文化继续蔓延。”

周虹老师那句：“孩子是有灵性的，孩子来引领你成长。”是我此刻内心最深的感受。

曾经，因为要改变孩子，改变老公，抱着一团乱麻找到周虹老师，一根根抽，一丝丝捋，不曾想每根线头都指向自己，结果打磨了自己。

感谢我亲爱的孩子们，感谢我亲爱的老公，感谢拥有大爱的周虹老师，当然也要感谢自己当初的选择。

周虹老师点评

幸福比完美更重要。

很多原生家庭的“乖”孩子长大成人后会跌大跟头。小时表现好，顺从，听话，是为了不受惩罚。“乖”孩子习惯了长大做事讲求完美，以不出错为主线生活，甚至她们认为自己是完美无瑕的，所以用自造的一把“尺子”去衡量别人，家庭生活处处表现得没有缺陷，死要面子。当然所有人都不能达到她们的要求，女人就变本加厉地要求亲人改、改、改，亲人行为稍有偏差即被否认、打击、惩罚。

但是，对外人她们却竭力满足，甚至超出力所能及的范围在社会生活中表现出无所不能的姿态。在为别人消耗生命能量的时候，丈夫、孩子的问题无人承担。自不量力承载别人，结果被拖拽下去。

小家庭发展越来越困难，问题越发严重，为了保护自己完美的形象，她们习惯性推脱责任，“逃离”问题现场，甚至学习也成为验证亲人错误的手段和工具，不接纳当下的发生，延误家庭幸福。

完美主义是折磨和内耗，是自卑和狭隘的外化。

最需要改变的是我们女人，真诚接纳自己、家人，活好自己，首当其冲！

这是真正的长大。

穿着成人外衣的小女孩

一个狂躁、要爱的孩子

我，一个9岁孩子的妈妈。在别人眼中，我的老公帅气、能干，孩子聪明、懂事，我应该是睡着了都偷着乐的人，可莫名的狂躁，总是让我没完没了地折腾，家中两个男人压力重重，一天都不得安宁。老公由爱说爱笑变得沉默寡言；孩子聪明伶俐，但看上去总是心事重重。

直到有一天，我走进虹汇，被周虹老师一眼看穿，才恍然大悟……经过这一年的成长，我开始感受到幸福的模样。

如今，我与有缘人分享自己的真实故事，希望能给您带来一些启发。

2014年1月20日，是我将终生铭记的日子，那一天，我有幸走进虹汇，走近周虹老师。

入会不久，就赶上虹汇催眠活动。催眠师周丽引导大家进入潜意识，观看自己内心的房子。姐妹们轮流分享时，每个人的房子都不一样，有的是富丽堂皇的克里姆林宫，有的是田园风格的木屋，有的是两层的别墅……我看到的居然……居然是一个配电房。

周虹老师说："'配电房'代表什么？莉莉的潜意识里，她的家人从来没有给过她任何支撑，一个配电房，那根本没有容身之地……现在明明已经生活在阳光明媚的大城市里，潜意识里的自己还是活在悲悲戚戚的过去的小女孩。”

听老师这么说，我像一下子找到了知音，终于有人懂我了，这么多年我多苦啊，这么多年我是怎么过来的啊，我恨不得一下子倒出我所有的苦让老师听听！

从我记事开始，我就知道自己有病，不招人待见。妈妈怀我时是她和父亲两地分居的第二个年头，是她最痛苦的日子。那时，哥哥6岁，姐姐5岁，爷爷带着全家人打击、侮辱、欺负我妈妈，妈妈心中充满哀怨、恐惧、愤怒、绝望来孕育我，大概在母体里我就知道自己不受欢迎……我出生6个月开始，病魔缠身，面黄肌瘦，皮包骨头，一病就是二十多年……六七岁时，我经常被妈妈锁在厨房，一次疼得昏睡过去，躺在小车里，醒来时感到内心灼热，跑到水缸边舀了一碗冷水喝，病情加重了，还被妈妈大骂……无数次痛得满床打滚，十天半月不吃一口饭，不能喝一口水，靠输葡萄糖液维持生命。一喝水就吐，吐得胃里翻山倒海，整个身体灼热，夜里疼得整个院子狂跑，一连几天几夜睡不成觉……

这怪病，无医能治。小时候，妈妈常说，你有病，大人跟着遭罪……我对妈妈说我痛苦，可她却让我体会她的痛苦……妈妈骂我从小就是个磨人精，不是人，来到世上专门折磨她……小小的我一次次读懂妈妈眼里的绝望……妈妈经常捋开裤子让我看——那是带我看病时磕破腿的伤疤……我心里有深得不能再深的负罪感，我死死低着头不敢看，也不敢看任何人……喝着不愿喝的苦药，倚在门口偷看家人吃西瓜……这些情景，我永生难忘。

邻居都说不要再给我医了，我是人见人烦的病人，七八岁了还尿床。早上常常是妈妈拿着我尿过的褥子边走边骂，弟弟在一旁讥笑我是尿床精。晚上睡觉时，妈妈一边铺着塑料布一边骂着，我忐忑不安地钻进冰冷的被窝，不经意间又尿床，还没明白咋回事，就被妈妈一脚踹出去……接着又是一顿臭骂。

周围的人总说："这个小姑娘啊，老病号，不长个，没力气，不说话……"我一次又一次在心里确认"自己是个没用的人"！年龄一天天增长，自卑一天天膨胀！多少次，我一个人跪求苍天："饶恕我吧，我什么都不要，一个好身体就行！"我知道"九九八十一难"，难道我还没受够吗？我还得接受苦难的命运？甚至这辈子就要注定不幸吗？

那种痛苦的滋味无法形容……直到父亲回家后，状况才渐渐好转。感谢父亲，是他给了我无微不至的照料，是他让我感到了唯一的爱。不过，这也为我如今的婚姻生活埋下隐患……

周虹老师耐心听我讲完，她说："你童年的疾病属于'操作性疾病'，是因为爱的缺失，所以吃药打针根本没有用。治疗这样的疾病只能用爱！如果我没有猜错，你是遇到你老公后，才开始痊愈，是你老公救了你，改变了你的命运！但是你一直伸手向他要爱，让他填补你残缺的生命，填补母爱、父爱、兄妹之爱的缺失。你不是找丈夫，你是找爸爸、妈妈、哥哥、姐姐、七大姑八大姨这些所有以前你缺失的……这么多年，他不离不弃，没有被你吓跑，这是好男人，你的福分，嫁了他，你的命运好转，要惜福啊……"我哭了。

老师咋这么神呢？

我和老公是高中同学，婚前的四年恋爱时光一波三折、坎坎坷坷，婚后的生活更是"一波未平，一波又起"。我总想改造老公，觉得他言行举止欠佳、谈吐风貌不雅、嗓门儿大……这些都是要改正的缺点。我心目中对找老公有一个伟大的理想"参照物"，那就是我父亲，我会下意识地把老公看成父亲，但回到现实，落差却太大。为了让他满足我的渴求、任性、无理取闹，这么多年，我一直让他改、改，还是改！可是越改越糟糕，越改越混乱，越改越失落……好像眼前一片阴霾，痛苦异常。

有了孩子后，公公、婆婆来看我们，我常常把他们气走。我对老公更是拒之于千里之外，就像排斥异己一般，责备他不会和孩子玩，不会教育孩子，甚至不想让他和孩子接近……孩子成了我的私有财产，老公成了赚钱的机器。刚开始他还能忍受，后来我们互相指责，最后就是话不投机半句多。我气急败坏，更多抱怨、指责。他说这一切都是我造成的，家里真真是乌烟瘴气，要么战火不断，要么持久冷战，弄得我们痛不欲生，婚姻成了“牢笼”，我们被困住了，彼此又苦又累，接近崩溃。

大概是太糟糕了，灵性的小生命都能感知到混乱的味道，感知到这儿不安全。结婚 10 年，我做过三次人流手术，其中两次是宫外孕。我常常自我暗示，自己好可怜，从小命运不幸，又嫁错人，所以心一直在漂泊、流浪，完全失去了安全感，好孤独！快撑不下去了！

这么多年的苦，唉！我恨不得把上辈子的事都说给周虹老师听，让她彻底知道我的苦，好让她救我！赶快救救我！

现在还记得周虹老师当时看我时那神秘的微笑，她说：“我知道你为什么不高兴，你的精神便秘了！”我心里暗暗佩服，岂止是精神便秘，身体便秘也有数年之久。可是，周虹老师说根源都在于我！我听不懂了，更听不进去。我是来找安慰的，怎么能怪我呢？我不想听老师讲话，只沉浸在自己的“小我”里，继续狂躁、抱怨、诉苦。

闭嘴，关上痛苦的闸门

可是，老师给我下了个死命令——闭嘴。

怎么可以这样？我想不通！

我也想听话，可是每次虹汇活动我都管不住自己的嘴，一张口就想说，一说就刹不住车……一遍遍抱怨生活对我的不公。

周虹老师说："改变先从改变自己的语言开始，先从管住自己的嘴巴开始。"

真不想再苦了，那就摸索着试试吧。

一天，我参加虹汇活动，回家有点晚，路上，老公又打电话埋怨起来："你怎么还在外野啊！"我知道他有情绪了。想着周虹老师要求"闭嘴"，就嘿嘿笑着不说话。他不骂了，只问："啊？啊？怎么不说话？"我仍不说话。他挂了电话。我心里忐忑不安，心想赶快回家做饭。快到家时，老远闻到菜香味……难道是我闭嘴感动了他？我悄无声息开门，轻轻地走进厨房，老公竟然在炒菜，我看着他笑："让我炒吧"。他说："你还回来啊？"——他要面对面考验我。我没说话，走到锅前，忙乱中竟然关了煤气灶，他温柔地说："看你，炒菜呢，关了火干啥？"我依然没说话，感觉甜滋滋的，真的做到周虹老师说的把他的话权当风一样吹过，结果他那样子一点也不生气。我静静地坐在沙发里，不一会儿，老公把饭菜盛好放在桌子上说："吃吧！"一句话，我的心完全放松下来了。吃饭时，我小心翼翼地夹菜吃馒头。心想，这是他第一次做饭，竟然做得这么好吃。正想着怎么夸他，他突然夹了一块鱼送到我的嘴里："尝尝我做的鱼。"顿时，一股暖流涌遍全身，好幸福啊！我们肩并肩坐得很近，我能闻到他的气味，听到他呼吸，突然觉得他此时这么像个"大男人"——威武、有气派。我就像个"小女人"——温柔、安静。此刻，家里充满温馨和爱意。"好吃！好吃！"我连连称赞。那块鱼的味道是那么美妙，从来没吃过这么好吃的味道，吃进去了幸福，也吃进去了陶醉……

这一切，皆因我闭嘴了！

那一天，我醒悟了，找到了方向，开始想改变现状，成为一个成熟、温柔、平静的女人。我认识到确实要从自我改变开始，对老公的态度一定要转变，做到无言、温和、微笑……

接下来的一个星期，我们没吵一次架，心情好，好幸福啊，我想抓住这种感觉，这种从没有过的夫妻小家庭的幸福感觉……

可是好景不长，这幸福感觉像没扎稳根一样又丢了。

在虹汇，周虹老师常说我："像个七八岁的不懂事的小孩子。"确实如此，好几次催眠，在镜子里真的看到一个痛苦的扎着两个辫子的小女孩，那就是内在于我的那个小孩。这是我固有的潜意识，生活在痛苦中哭丧着脸、蹭得满脸灰的小女孩。

周虹老师语重心长，让我用实际行动来接纳自己的命运。改变自己的外形、做客郑州广播电台《亲子课堂》栏目分享自己的故事、看到老公、孩子的好……一切寻求改变的方法都在实施……可是，亲爱的，真的不好改啊，好长时间走不出来。有一次，跟老师去旅游，期间我竟然和一个十来岁的男孩子吵嘴，表现得非常孩子气。老师说我自私、脆弱，还是个小孩子。我当时心里一点也不接受，很难过。甚至恨老师，心想你怎么能在人前这样说我呢，多丢人啊，太没面子了。

直到不久后发生的一件事让我换位思考，站在旁观者的位置看到了内在于我的"小孩子"。

那天，老公让我给客户送东西，半路下起了大雨。回家的路上，浑身淋湿的我多希望他对我充满关爱、嘘寒问暖："你回来了，淋湿了没有？快进屋换换衣服吧。"可老公只说了一句："给你打电话也不接，你没去啊？"我心想，下这么大的雨，你还想让我去呢，真不知道心疼人：看看我的衣服都淋湿了。他只顾忙他的，眼睛对着电脑，头也不回，只是"嗯啊"的应付着,我按捺不住了,说:"你怎么不关心关心人啊,也不说让换换衣服。"他不耐烦地说:"换去吧!"我瞪大眼睛说:"好!"他说:"你就等着这句话呢。"我气得夺门而出,一路想,为什么说着话又吵起来了?这是为什么啊?待我冷静下来,想起周虹老师,不禁有些脸红,这不就是我在向别人要爱吗,像个小孩子一样,而老公正忙,也说不定有什么烦心的事呢。

后来,周虹老师对这件事进行点评:"你又是在要爱,在求他的安慰,在要安全感。"因为我8岁之前感受到的爱太少了,小时候母亲的焦虑、急躁、缺乏耐心,让我想起她时没有被爱的感觉,我明白了婚姻不幸福的根源所在。我一直在向老公要这些我没有的东西。一直在向外要、要、要,要到别人想要逃。

没错,我始终因为匮乏,因为孤独,才拼命地向外要,要的过程其实那样痛苦,是自私、装可怜,真是人见人烦。

我终于明白爱自己才是幸福的源头,周虹老师的话在我耳边响起:"只有内心有了源源不断的爱——像泉水一样向外喷涌的爱,才能不再向别人要爱,才能给予老公爱,给予别人爱。

我默默祈祷:我要好好爱自己。

现在,我每天都会听着周虹老师的家排音乐,静下心来,盘腿打坐,同时祈祷:无论是妈妈、爸爸、兄弟、姐妹、老公如何看我,自己都不能放弃自己,要好好地爱自己、滋养自己。

这是我一生思维的转折——我终于明白自己的一切行为都源于我自己!我要反反复复和我的潜意识对话,让我的潜意识真的明白:我不是一个7岁小女孩了,我长大了,要过好日子。

周虹老师让我回家向老公道歉,感谢老公多年的不离不弃。我终于理解这其中的道理。

以前老公对我的任性百般迁就，他一直劝我温柔点，说我再温柔点就更完美了。我听不懂，心想：温柔了，那还是我吗？再后来，他半开玩笑地说，“亲爱的，怎么能对老公这样？我是你老公啊，要毕恭毕敬！”我心想：“那不可能，男女平等！”

我从来没有站在他的角度考虑过问题，他晚上无论回来有多晚，我都是不理不睬，想想自己其实是一个多么狠的女人啊，他一直在等，等着他想要的那个温柔可爱的人儿，他用他的行动一直证明着他对我的爱，无论多么伤心，他第二天照样不误起床为这个家打拼，没有停过。他不抽烟，我说他不像个男人；他不喝醉，我说他酒量小。无数次被伤害，无数次地原谅，任我折腾。我有了笑脸，他就高兴。他没有跟我计较过。折腾了多少年，我真的把他“传染”了，他也成了痛苦的人。

我真的觉得以前的我就像他说的那样是“疯了”的。四年的恋爱时光，他对我百般照顾，记得和他认识后我第一次生病，那还是婚前，他难过得吃不下饭，背着我跑前跑后，坐在床头拥着我；还记得学校里的生活，他常悄悄给我买我喜欢吃的。婚后怀孕时，老公把我像孩子一样宠着，有一次吃饭，我想吃南瓜汤里的南瓜，锅里没了，他赶快把他碗里的倒给了我，引得周围人大笑，可我怎么就没感觉呢……从相识、相知到相爱，我一直麻木、茫然，还认为是他的控制欲太强，认为是他不够优秀，认为是他不解风情，认为是他不懂尊重……

周虹老师终于让我看到，原来这都是我身上的负能量在起作用，一切都是因为我，我是一切的根源！以后我要好好爱他，弥补我的过失。好奇怪，怀着这样的心再看老公时，一切都是那么顺眼，心情是那么的轻松，我现在真的觉得心结打开了，再也不紧张了，和老公说话也温柔如水，不和老公对抗，老公也变了。

在虹汇，我参加了两次禅修，通过养心、唤身、合一、定神、内观、守己、养性……我的内心平静了很多。心静的感觉其实就是从禅修开始意识到的。第一次禅修，打坐，坐立不定，一闭上眼便胡思乱想，感知到自己是一个身心不一的人。第二次禅修，竟然盘坐 1 个半小时，心情也平静了许多，1 个半小时的打坐，感知了自身的五脏六腑，了解它们的相互关联，相辅相成，懂得自己要爱好自己的身体，心静才能体验这一切。

心静才会有幸福，才会爱老公，才会心甘情愿为他做事情，为他洗衣，为他做饭，喜欢看他吃饱喝足的样子，看他工作累了是那么令人心疼，看他处理问题是那么恰当，听他说话是那么幽默、逗趣，看他是那么高大、英姿飒爽……原来这一切我以前竟然都没看到，我一直被狂躁、哀怨蒙了眼……

现在，我看到了美好的生活，我乐在其中。我发现，家里只要我静了，对老公好了，一切都那么好，孩子看在眼里，也充满了自信，快乐无比，回到家里也愿意安静地写作业了。

尝到这么多的甜头，我更愿意听周虹老师的话了。

周虹老师布置作业让我们给老公洗脚，还要拍照片、发微信，必须完成。开始时我思绪万千，怎么也下不了手，现在，我特别想试试。

那天，趁着老公感冒，我想我找到突破口了，赶快去接了一盆温水，放在他面前说："来来，快点泡泡脚，感冒就会好了。"老公不好意思，我强制着把手伸进了盆里，就在这时，老公高兴地说："你累了几天了，去休息吧，明天给你买你爱吃的榴莲……"我低头握着他的脚，心里那个甜蜜蜜啊……从此，给老公洗脚成了我的一种习惯，也是我们很好的肢体语言沟通方式，再自然不过了。

现在，我和老公恩恩爱爱，我对他温柔如水，他对我和颜悦色，没想到"闭嘴"带来这么大的惊喜。我时时在捕捉这种感觉——幸福的感觉，我对这种感觉上了瘾。发现如果一天没这种感觉，我就要想尽办法去找，最终抱起快乐揽入怀中，让快乐植入我的心中、我的家中！

现在，我发现老公做饭非常地用心，他从以前一个从不做饭的“白领”变成了大厨，做得有滋有味。下雨天竟然担心我冷，不让我去送孩子。我窃笑：这天能算冷吗？这分明是爱，感动！我感受到从未有过的关爱、从未有过的幸福。

听周虹老师的话，我不再向老公要爱，这么多的爱就真的都来了！啊！生活如此美妙……随之，安静的心真的不愿再烦躁了……

感恩，找回自由心

在虹汇，通过家排活动，我明白了父母的不易，在那个年代，家里没有车，当时路也很少，交通不便，父母能坚持带我治病二十多年，他们真的受苦了。妈妈更不容易，虽然有苦、有怨，但是她从来没有放弃过我！我要感谢他们的养育之恩！他们是给予我生命的父母，他们已经给了我他们力所能及的最好的一切。

我知道了家族负能量会代代相传，我看到“恐惧”像一个巨大的包裹在我的家族脉络中代代相传，甚至影响到我们几代人的幸福。我也知道了生病不是我的错，我只是这个脉络上的受害者。

但是，我不能再把这个负能量“包裹”传给我亲爱的孩子了。

如周虹老师所说，我幼年缺失太多，心灵被绑架在幼时年轮，我从未长大！把自己装在套子里这么多年，是时候该放自己出来了。

听周虹老师的话，回到老家，满怀感恩，给父母叩头、洗脚。双膝着地的那一刻，我知道，我真真正正地接纳了他们，接纳了我的过去。

也是通过家排，我突破了自己多年来的心坎，我知道每一个来到这个世界的生命都是伟大的生命，我是这个世界上独一无二的生命！家排活动中，我站在椅子上，和我的“代表”对话，驱除我残存的恐惧。我勇敢地抬起头，喊出我的心声。我不再仰视任何人，我崇拜老公，尊重孩子。我努力让自己成长，总有一天，我会成为别人崇拜的人！

果然，生活中，我可以和以前令我恐惧的人平静对话了，我有了被尊重的感觉。

现在，我特别感谢周虹老师，感谢老公，感谢孩子，感谢父母，感谢兄弟姐妹，感谢所有发生的一切，让我活下来，放下来，然后心走向自由！

我发自内心地尊重和崇拜周虹老师，被她的大爱所深深感动，现在，我把我的真实故事分享出来，希望把这份爱播撒到更远的地方。愿所有家庭幸福、和睦！愿天下所有人平安、健康、喜乐！

周虹老师点评

母不母，则子不子。俗话说：母以子为贵。母贵，子贵！如今更多情况是：子贵，母不贵。家庭生活出现两种情况：母亲把孩子拖拽下去，或者孩子远离母亲。

母亲孩子化非常普遍！母亲像是身着成人年龄外衣的孩子。家长们始终活在童年创伤中不能自拔，带着创伤不自觉地发生变形养育行为。故事主人公小时患的是“操作性疾病”，这种病甚至是从上一代承接过来的，无药可医，唯有爱，才能让这种疾病痊愈。如果父母不愿意长大，没有爱在家族流动，善良的孩子自然要承担这一切“恶果”。父母心身无序，孩子羸弱多病。

作为正在长大的女人，成长阶段，夫妻争吵是难免的，我们没有办法让老公不发火，给自己时间，成为一个老公不对你发火的女人。

前提是，你真的想长大！

恋爱中的女人最美

我的自以为是让婚姻充满痛苦

“你太自以为是了!”老公如此评价我。

在我眼里,老公的缺点比比皆是,优点乏善可陈。我认为他不求上进,没有生活情趣,不懂浪漫,不会哄我开心,有什么事先考虑最坏的情况,没有男子汉气概。反正我看他哪儿都不顺眼,动不动就对他发脾气,有些事情和我的意见不一致,就批判他一番,要不就给他“上课”。他经常说:“你就是让我按你的意见办,以后我就不说话了!”“你把我当成什么人了,不要在家端着领导的架子!”“许科长,你又给我安排工作呢!”老公说我是个自以为是的女人,什么事都要以“我”为中心,按“我”的要求办。

我俩经常因为孩子的教育问题争吵,他说我溺爱孩子,只对孩子说好听的,不指出存在的问题,我觉得不是溺爱,因为我小时候得到的爱少,我不想女儿像我一样,想尽量给她多一点爱;我说他整天盯着孩子的毛病,说孩子腰挺不直、腿站不直、走路不好看,早上自己不主动起床……看不到孩子的好。他一说孩子,我就立刻上火,指责他说得不对,在孩子面前不给他留一点情面,一点儿也不尊重他。

老公经常提醒我,这样说他,孩子就不听他的话,不尊重爸爸。我不理会，照样吵，一吵架，我冷战几天不理他。有时他越是说东，我越是往西，认为他说的都不对。他说我："你宁愿相信外人的话，也不相信我说的话！"确实是这样——我总跟他拧着来。

我认为俩人没有共同语言，想法差距很大，就经常晚上"和他谈谈"，谈对方存在的问题，谈教育孩子的方式，但往往谈着谈着就又因观点不一致而吵起来，无法沟通。我把郑州广播电台《亲子课堂》栏目讲的家庭教育方法、理念讲他给他听，并"要求"他也听《亲子课堂》，结果他不听，也不认可。家庭气氛压抑，两句话说不对，就又是一场战争……

渐渐地，他的话越来越少，我们在家里各干各的事，形同路人，关系还不如同事之间好，不如和同事在一起快乐多。在吵得最凶最无奈的时候，他对我说："你好好把孩子带大吧，我啥也不管了，就这样过吧，实在不行，我去当和尚！"

这种充满争吵、对峙和冷战的婚姻模式，让我感到痛苦不堪，认为自己嫁错了人，没有出口、没有方向、没有办法……我只能一遍遍问自己："我该怎么办？怎么办？"

迷茫中，我遇到了周虹老师，好像找到了救世主。周虹老师待人亲切、说话幽默风趣、女人味十足，有理论有方法，在郑州广播电台《亲子课堂》栏目中谈笑间轻松解决问题，看到围绕在她身边的虹汇会员都有好的精神面貌和风采，我认为她一定有办法帮我解决家庭矛盾、化解痛苦。于是，我毅然决然地加入了虹汇。

改变，从心开始

万万没想到，进入虹汇第一天，周虹老师就给我沉重的打击："你说这么多老公不好，你好吗？要挑你的毛病，能挑的让你一夜睡不着觉！”早就耳闻周虹老师语言犀利，点评人的时候毫不留情。果然是！老师交给我的第一项任务——赞美丈夫，不要老是挑对方的毛病。

我受到重创！不过打击还真能让人清醒。

回到家中，周虹老师的话不断在我耳边回响。是啊，自己不够好，怎么整天还自以为是地去教训别人？我开始试着闭嘴，当我不再以“吵”字为中心，说话平静了许多，果然可以不再带着不满和怨气说话。

刚开始，我不敢告诉老公我加入虹汇的事，过了两天，小心翼翼，拉着他的胳膊，轻声说：“我加入虹汇了。”我以为他会埋怨、嘲笑，会嗤之以鼻，没想到他只说了一句话：“我就是心疼钱！”我只闭嘴了两天，老公态度就有了一个小转变，这结果真出乎我意料。

但是，在虹汇的日子真的不好过。

周虹老师说我“面凶，线条硬，说明心硬，是个经常说狠话的人”。类似的话老公也告诉过我，说他同事说：“你爱人看着面相凶，厉害，以后有你受罪的时候。”当时，我就不高兴，觉得他们瞎说。可怎么周虹老师一说，我就觉得有道理呢？

周虹老师说：“相由心生。”是呀，我天天一副吵架的姿态，怎么会有让人愉悦的好相貌？你的脸就是你的心。当我吵架的时候，心理感觉就像看到了我妈妈，和我妈妈一模一样！爸妈吵架的画面在我的印象中太多了，我不愿看到，很厌烦。可我不知不觉中和妈妈一样，越不想成为那样的人，越是成为她！老公也常说：“看看你的脸多难看，简直就是恶婆娘！”

“生猛，除了头发长点，看着不像女人！”老师又说。天哪！自认为身材苗条、长相中等，却被人第一次说成不像个女人，真是备受打击！站在台上，被当众揭丑，又像是被剥掉了衣衫一样，尴尬、羞愧、无地自容。回到家里，我幽幽地把这些告诉老公，老公却安慰我说："她说得不对，你要这么差劲，我会找你吗？不要完全听她的，你要有自己的分析。"我以为老公会正好借周虹老师的话发泄对我的不满，没想到，他却护起妻来。我突然觉得这个男人挺大度！

"怎么嫁出去的？要不是你老公，没有人要你！"周虹老师的话句句严厉，狠敲我的心。我从来没有受过如此打击！我有这么差劲吗?!

几周下来，周虹老师把我的嚣张打击得无处遁逃，我在家话少了，不敢高声讲话了。当我想对老公发脾气时，就会想到周虹老师的话。

老公再次安慰我说："我原来不是经常说你要不是遇到我，可能就只好嫁给村长了！"因为父亲当兵转业到郑州，我和妈妈、姐姐、弟弟才从农村来到城市，我和老公曾经经常拿此开玩笑。我说："嫁给村长不错呀，现在村长都很有钱！"

尽管嘴硬，但心里明镜似的，周虹老师把我看得很透，尽管我藏得很深。

周虹老师除了有针对性地指出每个人的问题外，还教我们要做足"女人格"：性感、温柔、可爱、有用。比如，"有用"就是把自己打扮得赏心悦目、懂男人、懂如何教育孩子。这四项自己都太欠缺了，哪一项都离及格很远。"性感"谈不上，也不愿意表现出性感，认为在国企上班不合适；最缺的就是"温柔"，结婚 13 年来，除了刚开始两年还比较温柔以外，其余的时光大部分是在争吵中度过，心里烦，怎么可能温柔？"可爱"，已经是 40 岁的女人，我还需要可爱吗？我理解这个"可爱"应是纯粹吧！

活了 40 年的人，活得居然"不像女人"——感觉自己白活了，自惭形秽。

周虹老师讲："男人是天、女人是地，男人要有'男人格'，女人要有‘女人格’，就是做男人要像男人，做女人要像女人，要爱自己的性别，做好自己应做的本分，做女人要轻、柔、缓、美。”知道了这么多理论，我要做的就是实践，我决心改变自己！

首先，闭嘴，控制情绪。周虹老师要求女人在学会“口吐莲花”之前，在家里要做到闭嘴、无言，没有女人唠叨的声音，家就会自动和谐运转。我强迫自己闭嘴，不再对老公、孩子事事反应，不再批判老公的不同意见，说话越来越少，对老公的态度慢慢软下来，放低了声调。老公说孩子，我不再当面指责，而是给他使眼色，或是用手触碰暗示他。果然，家里不再是争吵声不断，不再有高亮的嗓门……家安静了许多……慢慢地，老公也被我“传染”了：想提醒女儿的背不直时，就上前扳扳她的肩膀，拍拍她的背……我开始经常对女儿说：“爸爸上班很辛苦，特别是近一年时间几乎没有节假日，我们要体谅爸爸。”……当我俩不再整天相互争吵、指责，女儿早起的问题也解决了，她自己定好表，按时起床，不用再叫她了。

女儿11岁生日想要一部智能手机，我怕影响她学习。请教周虹老师，周虹老师说：“现在的孩子都有，如果你的孩子没有，他们就没有共同的话题，对孩子来说是很伤自尊的，而且上课注意力更不集中，光想着怎么得到手机了。可以买，用她的压岁钱买。”回家和老公、女儿一商量，俩人都同意。拿到手机后，女儿很高兴，主动对我说：“我上课不玩手机，不影响听课，再说我也不敢。放学回来，玩一会儿手机，写作业时不玩。”我听了也很高兴，明白了“满足了孩子的要求，她会知道怎么去做是正确的”这个道理。

对女儿的考试成绩，我也不像原来那样考不好就吵，现在是考试不好，就和她一起分析原因，经常征求她的意见。我能体会到孩子的辛苦了，我对她说，要不英语补习班就不上了，她反而不同意。英语老师反馈："茗茗英语背得是班上最快的，发音很准，学得不错！"辅导班老师说："茗茗很喜欢跟老师沟通，不懂就问，老师就喜欢这样的学生。语文拓展知识学得很快，吸收很好，进度很快！"我经常听到女儿说："妈妈，我最喜欢我们班了，我觉得我们班是世界上最好的班，真希望不毕业，和同学永远在一起！"

周虹老师说："学习是马拉松，不是短跑比赛，跑到最后才是赢。学习成绩不能决定一个人的未来。"女儿情商很高，老师、同学都很喜欢她，学习对她来说，愿意学，学得很快乐。我相信，只要让她自由地成长，她的未来就不会差，就会快乐、幸福。

健身，释放情绪。周虹老师说："控制好自己的身体，才能控制好自己的情绪，运动是一种非常好的方法。"本来我为了强身健体、增胖，办了一张健身卡，请了私教，但一直没去锻炼。这次为了卸掉负面情绪，我开始坚持健身，把自己累得精疲力尽，回到家倒在沙发上不想动。经过一段时间的锻炼，感觉身体真的轻松、舒服了很多，情绪也慢慢好起来。现在开家庭会议，老公发表意见，我会主动与老公统一"战线"，然后和颜悦色地与女儿沟通，家庭会议收效更大了。

一天傍晚吃过饭，我提议去公园散步。女儿在家写作业，我和老公携手前往。围着公园里的湖转了两圈后，我与老公找到一张椅子，坐下休息。春天的夜色如此迷人，依然是蓝色的晴空挂着一轮明月，远处传来的阵阵音乐和着虫儿的浅吟低唱，空气中弥漫着花草的清香……在绿草茵茵中我们享受着轻松宁静，身心舒畅……没有太多言语，只是抬头欣赏挂在树梢的明月，低头欣赏老公的身影，拍几张夜景，发一条微信，欣赏着照片和朋友的回复。周虹老师回复："帅哥！"我发觉老公真的很帅！刚结婚时，我经常看着老公，抚摸着他的脸、眼睛、眉毛，说："你怎么长这么好看呢？这眉眼要是长到一个女人脸上，肯定是个大美女!”老公总是得意地笑。我让老公看周虹老师的回复,他不好意思地笑了。我们手挽手慢慢踱回家中,心中充满平静和幸福,好久没有这种温馨的感受了!

周虹老师说:“虹汇男人是检验虹汇产品——‘幸福’的唯一标准。”我问老公:“我进步没有?”老公看着我,笑着说:“现在不和我吵架了,有进步,我心情好多了!”听到夸奖,我心中高兴,闭嘴真好!

自从被周虹老师批评“不像女人”,我就报名参加了形象课,三个月内从头到脚焕然一新。首先,我找到了适合自己的颜色,属于春暖花开的色调,淡粉、淡绿、白、米色。周虹老师告诉我们,40岁左右的女人要多穿米色、白色、灰色,这几种颜色很干净、显气质。然后,我去烫了个发型,按照周虹老师的要求买了几件白色上衣和黑色、白色、灰色背心内衣各一件,还有一条淡绿色、裁剪合体的连衣裙。

一天,虹汇课上,我穿着一件白色西装上衣,内配浅灰色背心,下穿一条米色裤子,脚穿一双浅肉色高跟鞋。一上台,就被周虹老师夸赞搭配得不错,作为示范,给大家上了一次形象搭配课。后来,我穿着那条淡绿色的连衣裙上课,也被周虹老师夸奖一番。

自从我学习了形象课,女儿也受到了感染。一天雨夜,我走到卧室,吃了一惊,只见女儿把我的衣服全部拿出来堆在床上。我说:“你干嘛?”女儿一副志在必得的神情:“我要给你设计形象!你的衣服有的太难看了,该淘汰的就得淘汰!”是呀,衣柜中的衣服都堆满了,有的已经好多年没穿了,还舍不得扔,就趁今天让妞帮我挑选整理一下。我拿来几个大袋子,拿起一件衣服,女儿看看,说“扔!”我就放在舍弃的袋子中;她若说“出彩!”我就留下。就这样,我俩整理了两大包不要的衣服。其中,有一件白底小碎花的睡衣,我很喜欢,穿了好多年,一直没扔。女儿拿着说:“你看看这件衣服,都掉色了,你还穿,你应该买几件性感的睡衣，那样才好看！”天呐，这是一个上五年级的小女孩说的话吗？我惊呆了！女儿继续说：“你看这么有韵味的雨天，你应该喝杯红酒，像周虹老师那样！”好吧，我彻底折服！我说：“宝宝，我太佩服你啦！”女儿平静地说：“你知道吗？妈妈，衣服怎么搭配，我在心里一想，就有答案了。”想起周虹老师常说的话，孩子就像“神”一样。原来，女儿三、四年级的时候，我经常给她搭配衣服，可她觉得不好看，不穿，我俩经常因为这个生气，闹得不愉快，后来，我索性不管她，随她穿，她穿衣搭配也不错。放手多好呀，不用操她的心了，现在反倒会为我搭配了。

以前，我只戴黄金、铂金类的首饰，从来不买耳环、耳钉、装饰项链之类的饰品，认为戴不出去。但看到周虹老师、姐妹们戴着都好漂亮，也想买几副。女儿陪着我，帮我挑了好几款，有淡紫色的水晶，有白色的珍珠，有长的装饰项链。戴上果然好看。我也学会了化淡妆，去虹汇、去上班，会打上粉底，涂上淡淡的眼影和口红，让自己更精神、更美丽一些。

在两性关系课上，周虹老师教给我们一个快速化解夫妻矛盾的“秘诀”，那就是：不用讲一句话，运用肢体语言，拥抱对方！

一天晚上，在婆婆家，老公和女儿发生了一点小冲突，女儿哭了，我问老公：“咋哭了？”口气中充满埋怨。不成想，老公也正在气头上，突然发怒说：“问我怎么回事？你问问你妞怎么回事？”我的愤怒情绪被挑起，正待发作，猛然想起周虹老师的话“当情绪来时，离开现场”，我抓起包冲出家门，开车就走，正不知去哪里，忽然想起家里没菜了，不如去附近的超市买点菜。就这样，超市一圈下来，我的情绪已经平静了。回到家中，老公已经回来，女儿应该是住在奶奶家了。想和他说话，不知如何开口。我俩就当对方是空气。几分钟后，在房间里走动时,正好走到一起,我灵光一闪,想起周虹老师讲的“拥抱胜过千言万语”,于是我直接抱着老公。稍后,老公已经释怀,我俩相视一笑,和好如初。

这个秘诀,我用过几次,发现屡试不爽。有时,回到家中,老公在沙发上看电视、看手机,我很累,就不说一句话,直接躺在他的臂膀中,拥抱着他,静静地躺几分钟。老公会轻轻地搂着我,肌肤相亲,感受温暖和幸福。还有时候,发生点小矛盾,他不理我,我就直接躺到他的怀里,在他身上打几下,一边打一边撒娇地说:“你怎么那么讨厌呀!”老公就会在我的“糖衣炮弹”下“缴械投降”,对我温柔如初。

在跟随周虹老师不断学习的过程中,老师教我们学习盘腿静坐“养心”,学习瑜伽“养性”,滋养自身的能量。单腿盘坐从最初的十几分钟到后来的三四十分钟,在松开腿的瞬间,享受血液冲刷的畅快;在家时,铺开瑜珈垫,练习老师教的瑜珈动作,让身体慢慢伸展、打开,让有舞蹈功底的女儿给我指导动作,给我做示范;与女儿一起比赛盘腿静坐。在静与动和结合中,让心静养,让心平静,让身体拉伸,让身体舒畅,让心灵受到滋养。

2014 年冬天,一次虹汇课上,大家都夸我漂亮,周虹老师竟然没有认出我,她用“惊艳”两个字形容我。终于,我也是美人喽,蓦然回首,虹汇修行竟然是个完美整容的旅程啊!

在虹汇,周虹老师一再告诉女人们,要懂事,要懂男人。“懂”的深层含义就是要以对方喜欢的方式表达爱,而不是仅仅用自己喜欢的方式表达。想想自己,以前哪一方面都是以自己喜欢的方式要求老公。老公没说出我想听到的话,没有以我想的方式安排全家假期旅游,没有按我想要的方式教育孩子……都会引起我的不满和唠叨。潜意识里,我想让老公所做的一切都按我希望的方式进行!经常把他逼入

"墙角",无法伸展,无可奈何。

以前,我很少考虑他的需求、他的感受,让这个一心为老婆、孩子的男人,一心顾家的男人承受被责骂的痛苦,痛苦到不想说话,痛苦到想出家当和尚,痛苦到不想离婚却想孤单地过后半生。男人是天、女人是地,天地之所以长久,是因为有爱、有情!可在家里,翻天覆地,天地颠倒,就会失去宁静和幸福。现在想来,我疯狂地用语言攻击老公,发泄心中不满,想要改造他,其实我所要求的也正是自己所缺少的。他温柔、浪漫、幽默,知我心,会哄我开心,会甜言蜜语;他万丈豪情,为我遮风挡雨。可我又做得怎么样?该女人做的,我做的太少了。作为妻子,对老公不温柔、不体贴;作为妈妈,对孩子没耐心、有情绪。只有夫妻关系好了,亲子关系才能好。改善老公的关系,是我要长期修行的功课,是亲子关系的基础,是家庭幸福的基石。

现在,我是温柔的、懂老公的女人。有一次,我和老公去洛阳办事,老公给我当起了向导,带我在洛阳城及其周边玩了两天,我们像热恋中的恋人一样,非常轻松地边吃边玩。第二天,我们又去爬王屋山,我累得气喘吁吁,老公一直拉着我的手,一步一步把我拉到山顶。走到半山腰,坐下休息,听到远处传来钟声,忽然发现地上写有两句诗"春风春色踏山行,忽闻远处有钟声",老公诗性大发,补全下面两句"王屋山上飘渺处,神仙眷侣携手情",这让我看到了老公诗意浪漫的一面,对他大加赞赏。我告诉老公:"我们两个好好锻炼身体,退休后一起去世界各地旅游,我要活到 100 岁,你要活到 103 岁,好不好?""好啊!"老公笑着回答。在两天的游玩中,我对老公言听计从,一切顺从老公的安排,老公越发显得有责任心和乐于担当,对我温柔体贴,照顾有加,我们玩得很开心,真像回到初恋的时候,不禁感慨,这样的感觉真好!老公笑着说:"你当然感觉好,吃喝玩乐有人全包了!"是呀,做温柔女人，男人愿意为你付出，愿意宠着你。

以前，老公经常对我说："你好好说话，口气别是指责和命令的，我是很好说话的。"是呀，我也发现了，只要我温柔了，就很容易"搞定"老公。而且老公是一个责任心很强的人，对我、对孩子、对家庭很操心，很负责任。有一次，我的车坏了，向老公求助，老公立即帮我联系修理厂，早上叫我起床一起送修，然后骑车把我带到公交车站去上班。他做事真是井井有条，细心周到。还有一次，我在单位值班，车钥匙不小心锁到车里，打电话说起这件事，他二话不说，就打算乘出租车给我送备用钥匙，我想着太远了，不用了，第二天可以找4S店解决。但他执意要来，已经晚上10点了，他又乘出租车跑了个来回，让我感动不已。

针对老公不爱运动的情况，我说："老公，你看你长这么好看，把身体再练得结实点，有肌肉，有六块腹肌，身材匀称，那就更帅了，哪还像40多岁的人，就30多岁！"我还专门把他的哑铃拿到客厅里，让他边看电视边锻炼，健身、娱乐两不误。开家庭会议时，全家把锻炼身体这件事定下来，清晨他去锻炼身体，我负责做饭。就这样，老公开始锻炼身体了，一大早就出去，回来时浑身直冒汗，擦洗完毕，早餐也做好了，吃完饭，该上班的上班，该上学的上学。过了半个月，老公说："我现在锻炼完，身体向外直冒热气，膝盖处也是，不戴护膝也不觉得冷了！"

随着感情升温，我们真的越来越好。一个初夏夜晚，女儿去同学家住，我和老公选了一个环境优雅的火锅店吃饭，点几样荤素搭配的小菜，一边吃一边拍照片、发微信，一边聊天，他把我的手机、衣服轻轻挪开，避免被饭菜汁弄脏，不时地给我夹菜和续水，一切显得那么自然。

修行，一辈子的功课，我才刚刚起步。我愿用心追随，行动起来，坚持下去，为自己的幸福，为我爱的自己！

周虹老师点评

对于人类来说，你幼年时恨谁，那么长大后无论是长相、性格还是心态，都会更像谁！

心念即生，必然影响长相。一个女人活得愉悦，心里美，气血调和，身心良性循环，自然满面光华，唇红齿白，使男人心驰神往。反之，女人天天郁郁不舒，遇到事只往坏处想，经常愁眉苦脸甚至发飙狂怒，长此以往，色素沉淀，脸上斑痕多发，青黄腊瘦，皮肤暗淡无光，线条粗暴。

身体发肤，受之父母，20 岁之前美不美靠原生家庭的滋养。20 岁后，这张脸的美丑全看你自己。发于己心，面相即为心相，心美人美，心狠面凶，心恶面丑。“相由心生”就是这个道理。

变美，做母亲最佳机会，把孩子当做自己重新爱一遍，养一遍，养女儿如同用丝绸呵护精美的瓷器一样，温文软语，低吟浅唱。你们会越来越美。

变美，与老公重新谈恋爱，运用肢体语言示爱逗引，开发头、眼、颈、手、肘、臂、身、胯、足等人体部位优美的活动来传达爱意，引诱他追你。

恋爱中的女人最美，与丈夫谈一辈子恋爱，拥有一生一世的美丽。

给老公洗脚

“今天给大家布置的作业是——回家给老公洗脚!”周虹老师慢条斯理地说。

“简直是莫名其妙,甚至有点变态!”我心里想。

当初我为了教育好女儿才参加虹汇,周虹老师却当着众多学员的面问我:“你们夫妻俩的关系如何?”听过无数国内外专家的课,有谁见过如此答非所问的老师吗?

我犹豫了一下,有点心虚地回答:“还行吧!”

其实我和老公正闹得厉害呢! 但也不是什么大不了的事,我认为我家和中国的很多家庭一样,没啥大事,与那些闹离婚、有家暴的夫妻比,我们的夫妻关系算是好的了,好歹是自由恋爱走到一起的!

这就是周虹老师——用我那时的话形容她:从不按常理出牌;让我又爱又恨;屡次当众出我洋相。我曾经赌气一个月不去上课,然后又“乖乖地”中了魔似的回去上她的课!

时常离家出走的女人

我和老公结婚十几年了,慢慢地我留意到身边和我们一起从青春时期结婚走到现在的夫妻越来越少了。我有两位朋友是一对夫妻,曾和我们一样是自由恋爱,恋爱时轰轰烈烈,双方家长反对,两人誓死捍卫爱情最终走进婚烟。后来,我们两家相继生了孩子,孩子同时上幼儿园、小学……忽然,有一天他们告诉我:“我们要离婚了!而且为了孩子的抚养权和财产的分割闹得两败俱伤,身心疲惫……”

这都是怎么了?他们都受过高等教育、有爱情基础,当初信誓旦旦要一辈子守候对方的啊!难道真如互联网上所说:时代变了,感情不值钱了?金钱比感情更可靠了?外面的诱惑太多,爱情在诱惑、金钱面前一文不值吗?为了寻找答案,消除对婚姻的恐惧,打着为了教育女儿的旗号,我走进虹汇,向周虹老师靠近。

走进虹汇后,我开始审视自己的婚烟。随着我们的家族企业越做越大,老公的应酬增多,我和老公之间的距离越来越远,争吵也越来越多。

直到2014年3月底的一天,老公出差打电话说:“我晚上回来,经销商明天来,你赶快把工作好好检查一下,安排好!”下午5点,手机没电关机,我也没在意。过了1小时,我打电话给老公:“你回来了吧?自己打车吧,我没时间去接你了。你顺便去幼儿园把儿子接一下,我还在加班呢,你带着孩子们在外面随便吃点吧!”当时那口气简单、生硬,简直就像吩咐工作。

晚上9点半到家,一进门,我就看到老公一副冷漠的面孔。

“不是出去才几天,怎么这副面孔对我?我累到现在,你不安慰,还拉脸给我看?”我当时心里气愤地想。但实在是太累,就没说话,洗漱完毕准备睡觉。一会儿,老公“呼啦”把一堆没来得及叠的衣服全扔到我的床上,自己跑到另一个房间睡觉了。

我当时气急败坏,“砰”的一声把他所在房间的门用力推开,气呼呼地对着他就吵:“什么意思?我也是加班到现在,还没吃饭呢!是你出差前让我把这些工作做完的,我哪点错了?”争吵就这样开始了,孩子们也从自已的房间出来了。我当时一看孩子们都出来了，就更生气了："这日子是没法过了，五天一大吵，三天一冷战。我这么累回家，一句话都还没说呢，你就开始拉脸、扔东西。我要是去外面玩了也好，我工作了一整天累成这样，回家你还没事找事，不过了，爱跟谁过跟谁过去！"就这样，我哭着、数落着，然后恶狠狠地摔门而去！下楼梯时仿佛听见两个孩子的哭声和他们穿衣服准备下楼找我的说话声，但我的脑海里只有委屈：我每天又工作又照看两个孩子，收拾家务，里里外外都是我一人打点，老公不说理解我，还天天找事、拉脸。不高兴就可以如此对我，我也不高兴了呢……

带着这些委屈，我开着车加大油门走了。把家和两个孩子丢给了老公。晚上10点多，我开着车去妹妹家住了。

气呼呼地睡了一晚。第二天，在虹汇微信群里聊天，无意中聊到昨晚因生气离家出走。虹汇姐妹们都劝我回家，给孩子们做个好榜样，都是好言相劝。最后，周虹老师在微信里说了句话：虹汇会员再有离家出走的，罚款5000元！

当时我感觉不可思议！心想：我这叫离家出走？有那么严重吗？很多人不都这样吗？夫妻俩吵架了，女方去娘家或闺蜜家小住几日，很正常啊。周虹老师怎么能不分青红皂白就罚款？我嗤之以鼻……

过了两天去虹汇上课，轮到我上台时，有了以下对话：

"郭艳，听说你前两天离家出走了？以前，一年你大概出走几次？"周虹老师问。

"两三次吧。"我面红耳赤地回答，当时恨不得有个地缝钻进去，今天台下有几十个学员啊，好歹我也是一个企业的老板娘啊！

"郭艳，试想如果你没车，就你今天穿的黑丝袜，走到新东站在等车，晚上十一二点了，你在车站旁漫无目的地转悠，因为你刚生了一场气嘛；这时来个男的站在你旁边，说：姐们儿，我送你吧，要不我们一起去吃个夜宵吧？你去不去？”周虹老师问。

我摇摇头。

老师接着说：“你是不去，因为你是良家妇女啊！问你一次不去，两次不去，假如问到第三次，来两个人连说带推，你不去都不可能！你们都别不信，社会上就有一些坏人做这些事！再说，假如你妞儿某一天也因为你吵她两句而离家出走了，她这么小，如果也遇到这种状况，后果你敢想吗？因为她妈妈从小给她输入的程序就是这样，做的榜样就是一生气就离家出走啊！”

直到这会儿，我后背才出了一身冷汗，不仅是被周虹老师的分析吓着了，还被自已的做法吓了一跳。是啊，我怎么没想到孩子们呢？当时心里只想着：“老公是孩子们的亲生父亲，所以不可能不管。现在想来我真是太肤浅！”直到这时，我才对周虹老师的话语听进去一些了。

“郭艳，你回去首先真诚地向你女儿道歉：‘宝贝们，是妈妈错了！妈妈不应该离家出走！是妈妈的心智不太成熟，妈妈之前没学习过科学的亲子关系、两性关系，请容妈妈和你们一起成长！’然后向老公道歉。”

“作为一个成熟的女人，任何时候都不会离家出走的！你再牛也比不上维多利亚女王吧？连维多利亚女王这辈子都崇拜一个人——自已的丈夫，你有何理由不去崇拜你的老公？把你的‘女王’强势收敛一下吧。回去完成你的作业——给老公洗脚，我要检查。”周虹老师斩钉截铁地说。

回去的路上，我一直在思索如何向女儿道歉，为了女儿能健康成长，这一步我必须迈出去。很快，我就向女儿道歉，并说要和女儿一起成长！老公这边，我却一直迟迟未动。因为对老公强硬了这么多年，要我一下子软下来、柔下来，谈何容易？

生活还是如此重复：工作、生活，五天一大吵，三天一冷战！

又到了周末，该去上课了。每个人发言，又轮到我了。一上台，周虹老师就说："郭艳，夫妻关系好的第一步先从爱自己开始。你看你穿的，浑身上下几个颜色？橘红、大红、蓝色、绿色，又穿个黑色丝袜，你看看电影里高层白领穿的都是肉色丝袜，有谁穿黑色丝袜的？一个有品味的女人，身上是不能超过三种颜色的，你看看你……"

我的脸估计当时一阵青一阵白一阵红，夫妻关系和"爱自己"有关系么？我穿的衣服发到微信朋友圈里都被赞不错啊，估计老师又是"鸡蛋里挑骨头"。难道这就是我每次上课的目标吗：让周虹老师挑我毛病？

可是生活还是日复一日，婚后十几年的"冷战生活"还是不断上演。个中滋味，只有自己能体会；我们也都是步入中年的人了，吵架、冷战真的是伤人又伤心啊！

空闲时间，我给自己买了几件衣服，这次感觉不错。周二精心打扮一番，又去虹汇上课。这次，我向周虹老师咨询公司里一名员工顶撞我的事件该如何处理，没想到老师又是一顿"挑刺儿"。

"郭艳，我要是你，她发飙尽管发，最好歇斯底里地发，你就喝着茶，面不改色，一声不吭，甚至还用惊奇、微笑的眼神望着她；你觉得这种场面会显得谁最有文化、最有素养？"周虹老师问。我不好意思地点点头。

"这就是我平时为什么让你'爱自己'的原因了，你们以为我说的话都是在挑你们毛病；因为你们不从外表、心灵上爱自己，你们就是不尊重自己，连你们自己都不尊重自己，你的员工、同事当然要顶撞你了！你看你今天穿的衣服，一句话——俗不可耐！从今天起，你找个时间去请专业老师给你做个色彩搭配，知道你适合什么颜色。不会花很多钱，去做一个真正让你的员工、孩子、老公尊重的女人！”

这就是我的老师——让我又爱又恨的周虹老师！每次见她都觉得恨得牙痒痒的一个女人！不过，我们心底还是爱她，因为有时候她像一位大姐姐一样教我们如何做女人，有时候她像亲娘一样耐心地等待我们成长！

俯身给老公洗脚

经过周虹老师几次当众批评，我终于行动了。慢慢地学会了服装搭配，让自己精致起来，首先是外表变得更有“女人味”。在这个过程中，我一遍遍体会周虹老师说过的话：女人过了30岁以后就不能再穿地摊上的衣服了，要时刻保养自已，要让自已精致些。

可是对于调整与老公的关系，我总感觉无从下手。我曾经不止一次发微信问老师：“您总说对于老公要像又养了一个儿子一样；可是这个“儿子”不是我亲生的啊，他不像我亲生儿子一样能听我的！他和我不一心呐！”可周虹老师只是简单回复：“做个成熟、有用的女人！完成布置的作业！”

直到6月底，我和老公依然在冷战、对抗当中。一天晚上回到家，家里难得的清净，孩子们都回老家了。我没事打开微信和虹汇的姐妹们聊天，问她们的作业是否都完成了。有的姐妹说完成了，感觉还不错；有的说还没完成呢。我对几个姐妹说：要不我们今晚也试试？不能再拖了，再拖该交罚款了，老师真的让交1000元啊。她们几个也说试试吧，今晚我们几个互相监督，发照片监督！我一看时间还早着呢，老公一般都是晚上9点以后回来，就熬些山药大枣冰糖水——他的最爱，早早地把洗脚水烧好。晚上10点多，老公回来了。

“我熬了山药大枣水，你喝点吧。”我边说边给他盛了一碗。

“不了，我在外面吃过了。”他冷冷地说。

我默默地把碗放到餐桌上，然后去打洗脚水。一扭头，你猜怎么着？老公吃完了！

我暗自窃喜，心想：“今晚有戏！”

“周虹老师布置的作业，给老公洗脚，你配合一下吧？”我问道。

“不用，我自已洗，不敢劳驾你。”虽是冷淡的表情，似乎好像有点喜悦的感觉。

我把洗脚水端来，放在床尾地上，又搬了个小板凳等着。

老公走进卧室，看了看，不好意思地说：“你忙吧，我自已洗，你就对周虹老师说洗过了。”

我微笑着没吭声，去拿他的脚，他用手挡着不让我动，两个人这时一脸的尴尬，都不好意思地笑着。

我灵机一动说：“把灯关了洗吧？”就站起身把卧室灯关掉了。

这时卧室里很静，漆黑的夜里我俩终于放下了各自伪装的面具，我默默地拿起他那双厚重的双脚，然后把他的脚轻轻地放进木桶里，慢慢地往上淋水……

这时我的眼泪不自觉地流下来了，因为我摸到了他脚底下的老茧，厚厚的、硬硬的。我们是自由恋爱，共同打拼家族企业，都是20世纪90年代从农村走出来的孩子，无后台、无背景，打拼过程中经历的辛苦、挫折、被人嘲笑、被人扫地出门等所有辛酸、苦辣、磨难，这双脚都在承受着；就因为他是男人，所以他从未抱怨过；就因为他是企业的法人，所以他从未开口说过要放弃；就因为他是一家之主，所以他在家从未开口说过一句苦……

我慢慢地用手指抚摸着这双脚的老茧,它丈量过多少苦难与挫折呢?它走过多少事业成长之路呢?它又踏平了多少荆棘,换来今天的成就呢?我今天的幸福生活是不是都是用这些厚厚的老茧换来的呢?我的脑海中全是他所受的苦,任泪水流淌。这时,老公也是一阵感动,他用手摸着我的脸、我的泪水,鼻子一酸,问道:"你给我洗脚,你委屈不?"

我已泣不成声,只是使劲地摇头。

这时,他幽默地说了一句:"真佩服你的勇气,你能给我洗脚,我除了感动还有佩服,像你这么高贵的女人能蹲下来给我洗脚,我佩服得五体投地!以后我也喊你'郭老师''郭教授'吧?"

我破涕为笑,轻轻地捶他:"讨厌,那是公司里小年轻给我起的绰号。"

黑暗中,老公手捧着我梨花带雨的脸说:"送你件礼物。"

他打开灯,从衣柜中拿出来一个袋子给我。我打开一看,眉头立刻又皱了起来,脸一阵红一阵青,用半怒半嗔的眼光,半低着头看他。

只见他嘴角上扬、眉飞"色"舞地说:"把灯关了,换好喊我啊!"说完,飞快走出了卧室。

你们猜是啥?一件全蕾丝的大红色无袖全露背睡衣。我是穿还是不穿呢?按照我以前的性格,当时就可能会毫无情趣地说:"我才不穿呢,一看这都是坐台小姐们穿的衣服。我是个良家妇女,不要玷污我啊!"

这时,我脑海里忽然想起老师上课时教我们,作为性感女人的几个"摇曳"动作,"女人格"中有一个最为重要的不就是"性感"吗?于是,我轻轻地把这件盛满爱意、饱含深情的睡衣穿上身。夜色下忽然觉得自已好像是第一次真正当女人似的,浑身都洋溢着轻、柔、缓、美的韵味。我把床头灯调到若隐若现的光度，给自己喷上淡淡的香水；扭动着身姿走出去，走到餐厅倒了两杯红酒，用眼睛的余光发现，面前这位男士的眼睛一直盯着我从未离开过。端着红酒，扭动着腰肢，我走过去递给他说："帅哥，可以赏脸喝一杯吗？"

"当然，如此婀娜多姿又性感的女士。"

我忽然发现，面前的这位男士声音如此地动听而富有磁性。我们轻轻地品着红酒，这时耳边传来一首歌："想念你的笑，想念你的外套，想念你白色袜子和你身上的味道……"原来是辛晓琪的《味道》。

老公幽默地说："今天的味道很特别啊！"

我如少女般温婉地笑着，不语……

洗过脚之后，我理解了周虹老师对"感情"的解释了：感情、感情，没有肌肤之感，何来的情呢？这就是为什么让我们每天几个拥抱、又要给老公洗脚背后的深意了。

老师布置的作业完成了，我的心情很复杂，哭得一塌糊涂。原来"软"如此容易，我却"硬"了35年！原来，"软"和"柔"是女人的天性，我却把这天性藏了35年！

洗脚之后，老公也很受感动说："你知道吗，今天去工业园竞标，老板娘去了好几个，她们的外貌怎么看都不如你，身材、学历、举手投足都不如你，但她们都在老公的身边！要是你在我身边，那气场、能量肯定更能给我加分！"

读到这里，有人可能会问，是不是洗过脚之后，你们夫妻俩都不再吵架了？电视剧、电影一般都是这种美好的结局！可生活啊，平凡而又"残酷"的生活啊！柴、米、油、盐、酱、醋、茶，每天都在考验着我的成长和进步，调校我的能量！周虹老师不是"影视剧导演"，她只是"生活的导演"！洗过脚之后的一段日子，我发现我从心底慢慢"柔"了起来，加上平时学习的“目的性情绪管理”，我尽量试着让自己的声音、身体、语言都柔软起来。

但终于在一周后的一天，和老公约好一起去看电影，到了电影院，我俩过去的一幕再次上演：吵架、说难听话、相互讽刺……最后，电影没看成，又生了一肚子气。当时，影院正在上演《分手大师》，老公说：“你看吧，看完，今天就是咱俩的分手日！”

回到小区的楼下，我说：“你和孩子先上去吧，我去买点东西。”其实，我是想让自己冷静下来。

买完东西，我坐在车上想：周虹老师曾经对我说过，吵架时，把自己的灵魂往后退几米看待问题；你的前面有两个人：一个是你，一个是你老公，你的灵魂是中间的那个人，把自己当成第三方，从旁观者角度看问题！然后，我在大脑中回放了刚才吵架的场景，有一个令我惊讶的发现，吵架时，我最大的敌人是——自己的惯性！

“如果还是生气、冷战、不说话甚至吵架，那就又回到了从前。”我指着我前面的“我”对自己说。

“如果能突破自己，让这种坏情绪如风吹过，改变常态，那生活就又不一样了。”我指着我前面的“另一个自己”说。

因为人的思想会左右摇摆，所以当即就指着右边的“自己”自言自语说：“就突破自己了！”

有了力量，立刻站起来上楼，到家里也不吭声，默默地给那爷仨榨果汁，端一杯放到老公手里，老公不好意思地笑了笑，很尴尬地接过去。我又去放洗脚水，这时老公听到水声问：“你不会在这种情况下，还有心情给我洗脚吧？”我沉默，不吭声，把水放到床尾，拉着他让他坐下。你们猜怎么着？老公说：“我直接从5楼跳下去得了，实在是让你给比得没地儿钻了！”

哈哈，这就是生活，酸、甜、苦、辣各种滋味都有，关键看你是站在哪个角度看问题了。今年暑假，家里装修房子，老公说他想自己装，不让我参与，原话是这样说的："你就是那有福气的命，我什么都给你设计好了，做电视背景墙，订制硬板床、梳妆台，你喜欢看书，我给你主卧阳台设计了看书的地方……"

我说："怪不得从小人家都说我命好，有福相，原来是嫁了个好老公！现在我知道原因了，你说老天爷给我这么好的福气，我要是不会享福，岂不是辜负了他老人家的一番心意么？所以，这次我可不客气了，只拎着包到时直接住进来了啊！"老公笑着，表面不吭声，嘴角却往上扬。

老公为什么这样呢？因为以前从买房、选楼层、谈价、签合同到装修都是我一人做主，必须听我的。结果是：俩人吵了好几年！这么多年，我一直搞不明白，我买的房子户型好、楼层好、价格长了三四倍，谁都说我能干、眼光好、是个好媳妇，可是他为什么每次提这事总是和我吵呢？并且每次提起来都会吵！

现在我终于明白了：男人是天，女人是地，我们家以前我是翻了天！2014 年暑假，冒着酷暑，顶着烈日，除了忙工作，老公不辞辛苦地构建我们的"爱巢"。我甚至忘了，他是爱巢的领导者，有一流的眼光；他是建材领域里的专家，有一流的实战经验。现在我终于明白了"身边有高人"，这么多年，我忽略了身边的高人！

以前，没有人教我幸福生活是需要学习的，从小到大耳边总是有人说："过日子哪有不吵架的？吵完了接着过，人都是这样一辈一辈走过来的！"

从小到大听的最多的就是："学习好，以后走出农村能找到工作；能力强，以后不受人欺负；多吃苦，方能成为人上人……"

就是带着这样的"忠告"，在社会上摸爬滚打几十年，虽然有房、有车、有团队,但生活也把我磨练成:任何事情、困难、挫折都难不倒,有再大的委屈都咽到肚里——“女汉子”的称号就是如此得来的。

在浮躁的社会里慢慢观察,一起走过青春的结发夫妻离了:一些70后85前的创业者,白手起家成为行业领军人物,他们当中有些受过高等教育,有些凭借自已的努力取得了相当大的成就,都是我们眼中的“好人”“本分人”,可是为何两个好人的婚姻却没好的结果呢?一起“共患难”却不能“同享福”,打拼出今天的事业、家庭、社会关系不容易。婚外情、离婚、吵架、孩子离家出走甚至辍学厌学等屡见不鲜,是这个时代变坏了?是社会风气变差了?是外界诱惑太多?是我们压力太大?还是男人都变坏了?

确实有许许多多的外在因素,可我们的主导因素——女人呢?这些太太们大都以为拿着一张结婚证,婚姻就进了保险箱。女人们甚至都学过MBA、会计、金融等专业,却从未学过如何拥有“幸福力”。

以后,我的第一身份是爱巢女主人,第二身份是虹汇导师,余下的生命要投身公益事业,给广大的女性朋友分享我的幸福力!

周虹老师点评

女人,你就是你穿的!

当一个女人把所有的时间和精力全部投入到繁忙的生活、工作而忘记自己形象的同时,也会失去最重要的一样东西——老公、孩子对她发自内心的尊重。良好的形象是赢得尊重的根本。

纵观人群,女人不舍得为自己投资,原因在于个体潜意识认为自己不配、没有资格,这种自我否定使女人无法平静。比如,当女人给丈夫枕着标价2000元的枕头，自己却枕着标价200元的枕头，尽管是女人自己的选择，但这会引发女人的怨气不断加重，在家经常翻高浪，日子过不好，想要拥有幸福就变得困难重重。

你是谁？你从哪里来？你要到哪里去？究竟要到什么年纪才能够回答这些问题？搞不清楚这些问题，人生到处都是雾霾！

厚德载物，德要配位。女人要成为爱本身，笑容满面地去聆听男人，有时权当一阵阵微风吹过；女人要成为爱本身，唯有万般柔情与爱人分享，才能收获白头偕老的信念和肝胆相照的义气；女人要成为爱本身，完全接纳孩子，他们是我们生命的延续，爱他们就是爱自己。让我们成为爱本身，无论过去经历过什么都不能阻挡我们去爱，去深爱！

女人，你值得拥有……

小女人，大女人

失落的女神

我和他的爱，是非常罗曼蒂克的一见钟情。我是医生，他是公务员，曾经在青葱岁月里因电波结缘。他高大、英俊，儒雅而谦和，声音充满磁性，有一种与生俱来的高贵素养。美术专业的学习背景，更使他平添几分艺术气质。最重要的是，他有正直、善良的好人品。这一切，牢牢俘获了我的心。我们同属文艺青年，在一起的时候，总有说不完的话题，很快就进入了谈婚论嫁的阶段。

然而人终究是环境的产物！他是大学毕业就回到父母身边，放弃专业进入政府机关工作，习惯安静、悠闲的日子；而我本来是一个清纯可爱、能歌善舞、成绩优异的乖乖女，却选择离开父母的安乐窝，20岁大学毕业即独闯世界。因而热恋之后，我突然有一种莫名的恐惧：也许之后的生活就是柴米油盐交响曲了。一种不甘心让我逃离，调动工作到了郑州，随之也和他痛苦而无奈地分手了。真是月有阴晴圆缺，人有悲欢离合！幸运的是，在好朋友的促成下，有情人终成眷属，两年后，我们最终牵手走进幸福而神圣的婚姻殿堂。

只是现实生活有一份深深的遗憾：我们两地分居，只能做周末夫妻。他认为等到退休我们就自然能在一起了，没料想这却成为激发我奋斗的强大动力！为了早日夫妻团聚，他跟着父母生活，我一个人在郑州抓住机会做兼职。那时，我身边没有朋友，没有亲人，也没有资金，更没有人际交往的能力，只有一份激情和梦想，所以连怀孕直到生产都没有停止学习，不停地开发市场。但要放下医生的清高和面子谈何容易，两年下来，没任何成绩显现，第三年休产假，做了一年全职妈妈，等再回单位上班时我做了一个大胆的决定：辞去医生工作，全力以赴发展事业！眨眼十年间，凭着认真和专注，我从一个普通的小小创业者成为跨国企业的合作商、高级经理，拥有上万名会员和稳健的百人团队，每年都有到世界各地免费旅行的待遇。恋爱时他曾许下诺言带我到人间天堂——苏杭，婚后生活中却是他作为家属，和我一起享受贵宾级招待。

阅人无数的经历、逐渐放大的格局让我悄然改变，再也不是那个20岁离开父母，站在雨中无助的小女孩了。“外柔内刚”是无数人对我的褒奖，坚韧、专注的特质也让我转身帮助很多朋友创业成功。而老公依然是那个晚上等我回家，下班路上就打电话问我“想吃些什么”的好男人，若赶上下雨，他会拿着干毛巾替我擦干头发，再拿大浴巾包裹着，拥着我闪进卧室赶快换衣……

我们一个月只有几天在一起，从宝宝1岁半开始，老公白天上班，把宝宝交给爷爷、奶奶带，晚上是既当爹，又当娘，喂奶粉、把尿……样样不差。周末，更多的是老公陪着儿子玩，下棋、画画、做游戏……儿子看动画片，只要看到小兔子乖乖找妈妈，小嘴立刻一撇，也开始想妈妈了！老公就要调动一切资源，逗儿子开心，其实他何尝不想有老婆陪在身边呢？

奋斗着，期待着，终于迎来了全家团圆的日子。儿子已上小学，我们也接近不惑之年，为了爱为了家，为了支持我所热爱的事业，老公选择放弃公务员工作，和我并肩战斗。一直的期待终于梦想成真，应该是苦尽甘来了！尤其是看到我们在欧洲旅游时相依相偎的照片，身边的朋友也都祝福这对相敬如宾的恩爱夫妻！羡慕好一对不老的金童玉女！退休的父母心疼我们不擅长家务，也放弃退休的悠闲日子搬来同住以便更好地照顾我们！我真真陶醉在幸福里了！

生活中不如意事十有八九。渐渐地，交响乐中的不和谐音跳出来了。老公为爱而来，但在生意场上的确是空降兵——即名义上是团队管理者，又的确是一个连专业都不擅长的“新兵”。而他因为有追求完美、严谨细致的性格，所以又不时对我提出这样那样的建议和要求。我心中顿生不悦——在外面我是“万人迷”，是大家夸奖、羡慕甚至敬佩的偶像，在你眼中怎么就毛病一大堆呢？有时他热心想帮忙，我觉得他不熟悉业务，多年在机关，缺乏经济头脑，所以嫌麻烦宁愿分配给团队伙伴做。渐渐地，我不信任他的能力，忽视他的才华和男人天生的管理才能，他也干脆“无官一身轻”，越来越多时间放在电脑上，甚至到了熬通宵的地步。基本上达到作家路遥所描述的境界：早晨从中午开始。而我受多年的惯性支使，每天早早起床，化妆吃早餐，光鲜亮丽地出门，一忙就是一天：出席星级酒店的发布会、参加美容沙龙、拜访大客户、洽谈招商合作……常常忙到午饭都要推迟。在旁边的妈妈就看不过去了：“你老公怎么这么不知道心疼人呢？”这种来自家庭外环的爱，让我更觉委屈；儿子多年被爷爷、奶奶宠爱，人不大，脾气可不小……这些问题一个个无情地摆在我面前。以我多年的磨炼，自认为内心强大，有包容心，善于激发别人的梦想和潜力，情商足够高！瞧瞧，自信得接近自负吧！但毕竟人的内心无法违抗，面对这一大一小两个男人，我停下来时会忍不住扪心自问：这就是我多年奋斗期待的幸福吗？物质方面的生活品质越来越高，怎么反而找不到知冷知热的感觉？我这么优秀的女性，内外兼修的女神都换不来老公英雄怜美之心？没有争吵，没有打闹，我俩像君子一样过着另一种“相敬如宾”的生活。没有了恋爱时的亲昵，反而有很多的陌生感。抱怨和委屈压抑在心里，找不到出口，无形，却很沉重。有一次实在无法释怀，跑到闺蜜那里，放声大哭。她的拥抱和倾听、诉说让我好了一些，但终究远水解不了近渴啊！

只愿做你的小女人

一次偶然的下午茶，蜜友谈起身边一位社会公众人物，赞不绝口，让我非常想结识这样优秀的朋友，于是，闺蜜带我去认识她。

高雅的酒庄，轻柔而温暖的音乐背景，一群人中，她是一眼看过去就鹤立鸡群的那一位，她就是传说中“不惊艳不出场”的周虹老师！沙龙中每一位到场的朋友都能和她近距离交流3～5分钟。我站在她身边，沐浴着她慈爱而高贵的笑容，看着她坚定、明亮又充满爱的眼神，那一刻突然觉得我什么都不用扛了，不再是一个领导者，也不再是一个被贴上标签的“成功人士”，心仿佛一下子软下来，很想倾诉。她说话缓慢而有力，“说说你自己吧，当然也说说你老公！”哦，她是两性关系专家！

那一刻，我无法控制自己的情绪，泪水如泉涌，喃喃道出心中压抑已久的委屈，主要意思无非就是：我这么优秀，老公还不知道心疼！

时间宝贵，周虹老师讲了一个短短的、让我一辈子难忘的维多利亚女王的故事：美丽的女王在世人面前称王，回到王宫，先生才是她永远的王！学会崇拜自己的男人！

那一刻，我突然间似乎明白了，我一直误以为我是王，我的收入非常人能比，我对这个家的贡献不是一般人能做到的……今天看来，这个想法如此幼稚！人活着最重要的东西难道只是这些吗？忘了在创业初期，老公抱着幼小的儿子一次次不忍心和我道别，内心有多少留恋和不舍，嘴上却说："放心吧，他哭这一会儿就没事了！你照顾好自己，家里的事儿你不用操心！"老人住院，大部分时间由他陪着，从不让我分心；每次出发，他为我细心检查汽车雨刷、轮胎，注意一切安全的问题；任何朋友的事儿，他都挤出时间极认真地完成，让你一百个放心和满意；为了给我做宣传影片，他不厌其烦地一改再改；每次出国旅游，我心闲人闲，他大包小包摄影摄像，忙前忙后……这些事情看似细小琐碎，却满满都是爱！相濡以沫、平淡是真爱！他对我的种种好，我坦然接受，而我又为他做了多少呢？

以为至此已掌握爱的真谛，没想到从那次与周虹老师见面认真审视我的婚姻生活，发现不少困惑的地方。这么多年，我下功夫修炼专业知识、人际交往能力、沟通力、领导力，却没有认真感悟过爱的能力、幸福力！原本奋斗成功的动力来自我的家庭，在不停奔跑的路上，用耐心、爱心面对身边的朋友，却忽略了身边最爱的两个人！忽视了他们的切身感受！

总以忙为理由，拖了半年多，我才真正走近周虹老师，成为她的会员。让我更没想到的事发生了。原先，我自傲地认为：我也是带团队、不断修行、见过世面的人，悟性不错，有时间来，没时间就算了。谁知第一次上课，周虹老师就指出我的致命缺点：虚！不真诚！面对自己的儿子和老公都不能做到真诚！端着成功的架子，在家庭中颐指气使。只是向家人索取、要求，只想、只要求对方改变，却从不向内看！……我已经听不下去了！当着那么多姐妹的面，我真想找个地缝钻进去，我几乎要逃走！没脸面再来了！好歹一个形象专业、受人尊敬的领导者，怎么被她一说，就活脱脱成了一个有知识、没文化的人了？这几乎影响了我接下来几天的情绪，我的脑子如同电脑般不停地检索，找寻我到底错在哪里，早晨去 CBD 周围晨练，走着走着就跑神了。

为了寻找正确答案，我从市场工作中排出每周一个下午时间去参加虹汇的沙龙。正如于丹教授所讲：读遍别人的书，最后是为了读懂自己的心，我们只有懂了自己的一颗心，再去看世相人心，自己的智慧才会透彻！

在周虹老师身边，读了很多姐妹的故事，一如那句话“幸福的家庭是一样的，不幸福的家庭各有各的不幸”，一个个家庭两性关系的冲突：婚姻生活中有永远长不大的小女孩、有把老公错位当成爸爸的“女儿”、有带着原生家庭的恨让自己活在悲情中的傻女人……读别人的故事仿佛自己照镜子，越来越看清楚自己。生活中，也开始多一份关注，向有爱的家庭学习大大小小我不具备的优点。我低下头，决心打碎自己，重新组装新的爱的模式，回归最简单、最纯粹的原生态小女人：用温情爱老公、爱孩子！

原来爱的本质就是让人成长！

我首先学会尊重和真正的接纳：老公跟着父母，习惯安逸的生活，以前我总有意无意地暗示他没有上进心，没有危机感；我多年奋战商场，有激情、有斗志，但不会活在当下，其实上天让我们形成最佳生活组合，一张一弛乃文武之道。有他，我们更懂得享受奋斗的成果，享受生活乐趣，否则人就成了工作机器。去澳洲墨尔本、夏威夷度假，我感受着完全放下的轻松，我俩一起赤脚走在沙滩上、一起看日出日落……旅行中，我像一个小主妇喊他起床、为他收拾行装，事事按他说的办，他专心地沉醉在光与影的世界中，拍摄出一张张美仑美奂的照片！况且我事业发展要上升到更高峰，离不开他超强的人际润滑能力。他可是亲和力十足、人见人爱的帅哥呢！100分的好人缘！先做人后做事，这正是成就大业的最根本之处！

我同时学会闭嘴和不管，对老公、对孩子亦如此。我刚开始把周虹老师的亲子理念带回家时，老公不以为然："管还逆反呢，不管能行吗？"我们一次次探讨，我把课堂上听周虹老师讲的什么是真正意义的"闭嘴"，为什么要"不管"，看着笔记讲给他听，把和姐妹们交流学习的心得告诉他，慢慢回到当初我们怀宝宝时最大初衷：让宝贝健康、快乐地成长，成为对社会有用的人！他从不理解到点头认同，到共同更多地鼓励儿子，让儿子的世界里从此听不见父母打击和唠叨的声音！闭嘴的同时，让自己没有任何的怒气和埋怨情绪。卡耐基夫人说：一个男人的婚姻生活能否幸福，他太太的性情比任何事情都重要。她可能拥有全天下所有的美德，但如果她脾气暴躁，挑剔，唠叨，那么她所有的美德都等于零了。

我开始注意让自己拥有真女人的魅力——轻、柔、缓、美：一个很小的动作，比如有时需要资料，我就把U盘递给老公："帮我COPY一下某某内容吧！"生硬得如同吩咐给一个下属！周虹老师的提醒让我一点点找回内心的柔软，尤其是一次肢体语言练习，周虹老师让一个娇小的女孩扮我的先生，只能拥抱，不能讲话，短短一两分钟，温暖全身，热泪也夺眶而出。久违的甜蜜、久违的爱意啊！那一刻，心中充满对老公的歉意！作为一个妻子，我忙于事业，只想到自己的辛苦，却粗心地忽略他的需求、他的内心，甚至把工作中的硬朗作风带回家。才发现，自己很多"女汉子"行为遮盖了柔美的本性，那是女人最有魅力、最珍贵的一部分啊！瑜伽、肚皮舞，以前我只简单把它当作运动的一种方式，现在明白女人还有一门必修的功课，叫性感！性感的最高境界不只是妩媚、魅惑，而是懂老公的心，成为令他骄傲的、生命中离不开而且最重要的女人！

心柔软了，爱意无边！越来越喜欢把他爱吃的小零食送到他嘴里；喜欢在他出门时，给他换鞋子，拥抱一下，给他一个大大的吻；更喜欢躺在他温暖臂弯里的感觉——在我们一起设计的欧式卧房里，暖暖的灯光，弥漫着普吉岛挑选回来的薰香，浪漫的音乐轻轻流淌，没有工作的压力，没有世俗的物质，接下来，整个世界都是我们两个人的时光了……

家里，越来越不一样了。一个暑假，我俩一致通过，满足儿子三个愿望：跳街舞、买酷酷的福喜电动车、买一只可爱的刚满月拉不拉多小狗狗 Millie，一家三口一同为狗洗澡，给它买玩具，带它去山里过假期……儿子今年 14 岁，面临一次重要的选择，我们齐心协力、尊重他的内心，互相打气、祈福，仿佛苍天有眼，给我们一个出乎意料的满意结果，可以让我们家的小男人更舒展地成长！很快就到老公的生日了，他早就想换部 SUV 汽车，亲爱的，生日礼物就是它了！儿子五六岁时，给爸爸起名叫“蜡笔小新”，生日之际，我要大声对老公说：“我爱你！蜡笔小新！”如同《最浪漫的事》那道歌中所唱：“你希望我越来越温柔，我希望你放我在心上！我能想到最浪漫的事，就是和你一起慢慢变老，直到我们老得哪儿也去不了，你还依然把我当成手心里的宝……”

20 多岁时唱这首歌，认为就要老公懂得疼我。40 多岁，学过周虹老师的两性关系课，深深明白：爱是相互的责任和无私付出；爱是只有欣赏、没有指责和抱怨；爱是无条件的接纳；爱是身心交融的契合！

慢慢地，我从内心里开始看不到他的所谓的缺点，仿佛回到恋爱时，开始崇拜他、敬畏他！我自己为王时，满身心的委屈；而崇拜老公时，儿子有了榜样，他越来越强大，我们成了 1+1>2 的组合，我再也找不到委屈，反而生活中有了更多的感动、爱恋、相互依赖和满心的欢喜！甚至当他在家休息而我要出门工作时，看到他眼睛里留恋的眼神，黏人程度不亚于热恋中的小男生，仿佛在说："老婆，在家多陪陪我啊！"我走到大门口，还要乐颠颠地跑回来，在他脸上按个戳儿再俏皮地对他说 bye-bye！

我在家中慢慢调整，回到我低他高的状态，也就回到了热恋时的感觉！甚至哼起少女时代的一首歌——赵咏华的《早餐》："为心爱的人做一份早餐，轻手轻脚不敢太响，让他从美梦中醒过来，要他一口一口把我的爱通通吃完，我要他一点一点感受家的温暖……"只因家排中周虹老师为我定格的那个画面：一个颐指气使的女人，带着鄙视的眼光伸手指责那个才华横溢、充满责任心的好男人！这样的家族文化，无形中会传递给儿子，甚至直接影响到他对未来另一半的选择！如果没有学习成长、没有这份自知和反省……后果实在难以想象！

我只是学了个囫囵吞枣，仅仅有一点点进步和改变，老公都给了我更多的爱和肯定。6 月的《两性关系十堂课》，老公开心与我同行同学习，100 分融入，100 分地欣赏和感谢周虹老师！晚上，老公和朋友喝酒，他笑声爽朗，对那些大男人们说：周虹老师的两性关系课，你们都应该去好好学习学习！又坦言道："她这么爱面子的人能有勇气站在周虹老师面前被'剥得血淋淋的'，真是不容易啊！看来老婆对改变自己，对追求我们的幸福真有决心呢！"听到此话，我感动之极，幸福就是彼此懂得对方的心！

所有幸福的回归，都要感谢周虹老师让我明白——生活真正的内环就是另一半，他是我生命中最重要的！几天前，父母的老朋友，王叔叔夫妻俩来家里一起吃午饭，酒喝到一半，王叔叔突然动了感情，眼泪几乎掉下来，哽咽着要给老伴端酒，还竖着大拇指："她就像我的母亲。”后来听妈妈讲，原来叔叔90岁的老母亲骨折，但他有事不能回老家，阿姨二话没说，回去照顾老母亲并且召集叔叔五个弟兄商量，把一切安排得妥妥贴贴。原来，爱就是责任，就是共同的担当！家庭中只有夫妻幸福，才有好的亲子关系，当然才能让父母幸福，真正没有后顾之忧地安享晚年，才有源源不断的财富和良性传承泽被后代的家族文化！

最近再读杨绛先生的《我们仨》，讲述她和先生钱钟书相濡以沫的感情以及他们与女儿钱瑗的温暖亲情，生命的意义跃然纸上。家是人生最好的庇护所！让我们牵手一路修行，用浓浓的爱温暖和滋养最爱的人，拥有真正强大的内心和幸福感！

周虹老师点评

女人要幸福，有本事的女人更要幸福，因为幸福，愈发成功！

女人是家庭成员之间连接的关键，你什么都不用说，你对他们的看法，男人和孩子完全可以感受到！

阴阳平衡，是职业女性最美的修行。

职业女性心气儿高，最喜欢和事业谈恋爱，在成功光环笼罩下习惯被人膜拜，回家也趾高气昂只想做女王，下不来了。看得男人、孩子直发抖，摘下女王面具后一张满腹委屈的脸，个中滋味只有自己知道。其实是自己没有学会转换人生角色，很难回到妻子、母亲的位置上，失职好多年。没有家庭的支撑，没有丈夫、孩子共同分享，事业再成功，意义也无法深远。

我们没有什么了不起，都是普通人，在外多有本事，多么风光，也应不忘初心，夫妻和谐、孩子健康成长、一家人相亲相爱，才是人间正道。

如果你问为什么成功女性要承担这么多，这么难？

因为你有本事呗，你是大女人啊。

在外是女王，回家是温柔妻子和成就孩子的母亲，就是大女人……

迷路的女人

逼得老公准备跳楼的女人

现在回想起那天晚上，才发觉当时的自己何等恐怖，老公没有逃跑还真是定力好！

那晚，忍无可忍的我，对老公说："你明天必须把你投资的项目给我写个调查报告出来，让我看看是否可行，否则，我跟你没完！"

关于这个话题，我已经与老公"谈"过好多次，老公也快被我逼疯了，抱着头说："你再说，我就从这楼上跳下去，我一听见你说和我谈谈，就头皮发麻，更别说写报告了！"

老公这几年生意做得不顺利，经济上压力比较大，他很想打个大翻身仗。有个去三门峡投资铝矿的机会，他想借一大笔钱去投资。由于他过去曾有过几笔投资失利，我对他这次投资根本不放心，而且也不愿他去外地发展，一直想说服他放弃，但他很坚持。况且我在银行工作，自认为对他要投资的这个行业了解比他多，他应该听我的，可他说我是纸上谈兵，根本不把我的话当回事。我非常崩溃，认为他不负责任，对他说："你在拿整个家庭冒险，我感觉现在就像躺在沙地上，水一冲，一切就会被冲走。"他却说我不信任他。焦虑侵蚀着我，晚上睡不好觉，连着几天晚上我都要与他谈谈，他不愿跟我好好说。我憋了好几天，于是有了文章开头那一幕。

报告肯定要不到了，我们互相说服不了对方。那段时间，我觉得我快疯了，老公觉得我快把他逼疯了。我真的不知道出口在哪里？很多次深夜痛哭，非常焦虑，没有安全感，非常无助。

看着身边的朋友、同事在我这个年龄大多数有房产有存款，而我们却要背一大笔债，我不知道为什么生活离我想要的越来越远？我在心里不停地问，希望有人告诉我答案。

不停挣扎、寻找方向，我找到各类“心灵鸡汤”来读，希望可以得到启发，书读起来很好，但我仍然不知道如何解决我的问题。找朋友分析，请朋友劝老公，仍然不能解除我的困惑。当我觉得快喘不过气时，多次想，我要去印度修行，逃离婚姻现场！

也许是我的焦虑和渴望感动了大自然，让我有幸接触到郑州广播电台《亲子课堂》栏目，从收音机里知道了荻兰、路研两位主持人和周虹老师，后来在课堂上认识了周虹老师，被她的台风深深吸引！同样是女人，周虹老师可以如此自信、幽默、教子有方！我当时感觉终于抓到了救命稻草，于是背着老公交了会费，走进虹汇，向周虹老师求助。

迷途知返

刚进虹汇，我就向周虹老师提出了关于老公投资的问题，想让老师支招如何说服老公。没想到周虹老师却说：“谁会拿钱开玩笑呀，他有胆量借那么一大笔钱，一定是考虑过了，你要信任他！”我听完，心里好失望！我是来求助来了，问题明明在老公身上，让我怎么信任他？他已经有过不止一次的投资失利经历了，如果这次再失败了，怎么办？周虹老师根本不明白我们的状况，真是站着说话不腰疼！因此，我对周虹老师也无法信任，她要求的“盲从”我根本做不到。

一次虹汇课堂上，周虹老师叫几个新会员上前，当时也叫到了我，我还很纳闷，只听周虹老师说：“大家看看，张静这个小女人，看起来柔柔弱弱的，却不信任老公，要干预老公的投资；看她中分头发，一般这样的女人，内心比较理性，她的主要问题根本不是内心不强大，而是不信任他人。”

原来周虹老师是在找典型，我莫名其妙被当成了不信任老公的典型，当时心里非常委屈，真是感觉遇到了匪夷所思的老师、匪夷所思的理论！心想：让我怎么信任老公，他确实很冒险，我才是为了我们家好！下课后我继续找周虹老师“理论”，老师说：“这样吧，你再给老公一年的时间，任他折腾，不再过问，有的男人不到 40 岁不会成熟；再说，他也是为了你们家，尽管他以前做生意赔了，这次他投那么多钱，能不慎重吗？亲爱的，你的信任才能给他力量。”

回家后，我对老公说：“周虹老师说了，让我给你一年的时间，不再过问你投资的事，完全相信你。”老公如释重负，说：“谢谢老婆！”

说不过问，挺难的，好几次都忍不住要问，实在憋不住时，就旁敲侧击问，老公简单回答，两个人没有了剑拔弩张。在老公去三门峡那段时间，每次通电话我都坚持不问他投资进展情况，努力去信任他。当老公从三门峡回来后，我发现他变了：他主动承担起接送孩子的任务；我周末加班时，他不再抱怨；喝醉的次数少了，在家待的时间更多了。

这些都是我以前非常期待他做的呀！不知不觉中老公居然已经做到了！

在初入虹汇时，周虹老师就说过，新会员 3 个月不要期待结果。

我当时很期待3个月会有什么结果呢？现在不到3个月，我已看到了意想不到的变化，内心对周虹老师的认可更进了一步。

为了固化我对老公的信任，周虹老师还让我在微信朋友圈晒老公的优势。刚开始，很长时间我都找不到老公的优势，后来上课时周虹老师多次点我，我才找老公优势发到微信朋友圈：我回家晚了，老公帮我热饭；老公晚上早回家……有时候心里也犯嘀咕：周虹老师老让我做这做那，让我成长，男人为什么坐享其成？

但事实证明周虹老师深谙两性之道。有一次出去吃饭，一位朋友对老公说：阿吉最近表现不错呀，勤快、顾家，好男人！老公听了，内心美滋滋的，对他的朋友说："让嫂子跟着小静去虹汇吧，自从小静去了虹汇，我们的家庭生活发生了翻天覆地的变化。"我当时听了，心里好高兴，也很意外，要知道我一开始去虹汇，他不屑一顾，很在意我交了多少会费，现在居然推销虹汇。

我的信任产生的第二个效果是：有一天，老公拿着他的银行卡U盾对我说，拿着吧，以后卡里有了钱，你随时可以转。

尝到了甜头的我，开始对周虹老师深信不疑，想要真正去拥有幸福的婚姻生活，学习如何懂男人，固化良好的两性生活，跟随老师深度修行。

虹汇课上，周虹老师谈到了什么是人生的"三环"，就是要告诉我们：在我们的生活中，与我们关系密切的人和事，我们应如何对待。周虹老师说，正确的顺序是：内环放置自己、孩子和老公；外环放置父母、兄妹、侄子、侄女、一两个知心朋友；三环放置工作、亲戚等。

这个话题，周虹老师是专门讲给我听的。因为春节过后，我一个人从三门峡先回到郑州，正月初六见到周虹老师，说了好多娘家的烦心事。

周虹老师分析："你的问题根源是内心太乱，三环不清，管的事太多，你只有三分力，却要分给很多人，哪有精力照顾好老公和孩子？趁这一段时间老公不在家，进行深度清理，先过好你的小家，有能力了，再顾大家。"过去我总认为，大家庭其他人都过好了，自己才能安心过好，结果是心力交瘁，经周虹老师点拨，我觉得自己确实应该静下心好好清理一下了。

我和老公都是各自家庭里出类拔萃的那一个，主动或被动承担了家里很多的责任。我操心最多的是我的哥哥和侄子，哥哥离婚对侄子的成长造成了很大的影响，侄子出现了一些青春期孩子的叛逆，留长发、长指甲，爱宅在家里，让我非常担心。哥哥离婚好多年后再婚，我还考虑尽量减少他们的家庭矛盾，有时在经济上给他们一些贴补；他们夫妻吵架闹别扭时，我还要去开导他们。我一面埋怨自己干嘛管这么多，另一方面心里又放不下，非常矛盾。

我老公也是他的原生家庭弟兄三个中对家庭付出最多的一个，老公的二哥因为前几年跟着老公做事，一直住在我家里。虽然我觉得非常不方便，但也说不出口让他走，一是怕婆婆多心，二是自己也管娘家很多事，理不直，气不壮，所以一直压抑着自己的情绪和想法。

我以前一直觉得自己很能扛事，那段时间也支撑不住了，心里非常烦躁，期待在虹汇一并解决所有问题。周虹老师让我做清理，就是梳理这些关系。

清理的第一个环节是从居住环境开始。

周虹老师曾经说过：当你离开家后，想一想你身后的家是什么样子？窗明几净、井然有序，还是杂乱无章、衣服鞋子乱放？

过去我常常以各种忙为借口，很久没有清理家了，家里到处堆满了衣服、杂物，看着无从下手。每次打扫完房间已经觉得筋疲力尽了，哪有精力和心情再去清理！一直以为清理家是大工程，需要买更多收纳箱，需要更大的空间，否则无法整理。所以尽管觉得家里很乱，很多地方不合心意，也没有决心去整理，凑合着住吧。就如自己过去整体的生活状态：虽然有很多不如意，却也是拖着，不敢正面面对。所以当周虹老师说让我清理时，我心里挣扎了好久，不知如何下手？恰好春节之后，看到周虹老师在虹汇微信群里推荐一本书《断舍离》，读过之后，如获至宝。

这本书留给我印象最深的一段话是："收拾，是一种筛选必要物品的工作。在筛选必要物品的时候，我们要考虑两个维度，一个是我与物品的关系这条关系轴，另一个是当下这条时间轴。换句话说，收拾就是要扪心自问某件物品与当下的自己是不是确实有关系，进而对物品进行取舍、选择的过程。"

我边看书边清理，家里存了很多东西，甚至还有我怀孕时用的东西以及孩子从小到大的衣服、玩具，以前想着妹妹生孩子时可以用，现在妹妹的孩子都两岁了，我留的东西根本没派上用场。这次下决心分类送人。

在整理房间时，我才发现，我很久没有整理过装老公袜子的抽屉了，里面很乱，落了很多灰尘，想来这两年都没有为他整理过，我们的关系在这两年出现了比较多的问题。看来正如《断舍离》中讲的，我们与物的关系，也反映了我们与人的关系。

通过清理，我看到有些衣服根本不适合自己，因为商场打折一时冲动买了，结果穿了一两次就束之高阁。其实女人经常喜欢买打折的东西，表面是由于女人节约持家，深度修行之后，我觉得很多时候是女人对自我价值的定位有问题，从潜意识觉得自己不配好东西，应该穿打折的。周虹老师告诉我们，女人要幸福，首先要自爱，第一条就是注意形象，所以我现在买衣服就学着选适合自己、让自己赏心悦目的衣服。

清理房间的过程不是一蹴而就的，每一次清理都有不同的理解和行动，一次比一次深入，家越来越接近我想要的样子。在清理的过程中，我想重新装修家的想法更清晰、坚定了。

老公一开始不太支持我大动干戈，表示不参与、不给钱，我坚持要干。虽然是坚持要全面装修的，但对于老公一开始的态度我还是不满意，向周虹老师抱怨，周虹老师说："你坚持要做的事，干嘛非得老公支持，你只做你该做的就好了。"

装修初期很长时间，老公都不愿回去看，与设计师、物业沟通都是我在跑，虽然觉得自己很辛苦，但想到是自己坚持的事，对他不再有抱怨，做我该做的事。慢慢地，到装修后期，老公参与越来越多，与我一起选建材、选窗帘，一起整理，给我钱付装修款。现在我们住在重新装修好的家里，感觉很舒适，心情也舒畅！老公说：每天抱着希望入睡，梦也闪闪发光！

清理的第二个环节是清理内心，把自己放入内环。

在虹汇，会员做的第一件事就是讲述自己的0—18岁生活经历，我讲得特别乱，与很多姐妹的经历比，好像没有什么"硬伤"，但仍然泣不成声，我当时不明白为什么。

有一次课上，周虹老师说：你们大多数人虽然长大了，但心一直活在童年。让我们课后完成两个仪式来告别童年：其一，将童年不开心的事记录下来，然后清理掉；其二，连续三天杀鱼或杀鸡，要求在2014年元旦之前完成。新年有个新的开始，并且要通过微信发照片为证，"纪委"监督。周虹老师说，为了自己成长，你可以这一辈子就杀这一次生。

我当时想:周虹老师真奇葩,杀鱼和童年有什么关系?对这个作业纠结了好几天。眼看微信圈里姐妹们大多数都行动了,离元旦只剩三天,我才下决心,买了一条鲫鱼,信心满满地回家了。

吃完晚饭,让女儿拿手机在旁边负责拍照。我围上围裙,带上手套,准备决战。由于怕鱼死,回来后就把它放到水盆里了,现在鱼活蹦乱跳地在水里游着,女儿心疼地说:“妈妈,再等一会儿吧。”本来我就底气不足,她这样一说,我更下不了手。女儿连续求了几次,一再等,眼看该睡觉了,我说不能再等了,于是,把鱼捞出来,一只手抓住它的身子,一只手举起刀,心里默默祈祷着,向鱼头拍去。第一下,鱼动得很厉害;再来一下,鱼还在动;第三下,鱼仍在挣扎,我的心也在挣扎,手都开始抖了。

女儿说:“这条鱼真顽强!”

我说:“它得快点死,否则我受不了,要放弃。”

连续拍了五六下,鱼终于不动了,这才开膛破肚,一点一点把它收拾干净。杀鱼的整个过程,对我简直是一种煎熬,随着刀起刀落,我的心也忽上忽下。第二天继续杀鱼,心里就没有第一次那么纠结了,心情缓和了许多,拍了三下,鱼就不动了,整个过程比较顺利。第三天杀鱼,心里很平静,终于完成了作业。

我与女儿还讨论这三条鱼,第一条特别让人敬佩,一直挣扎,对我是最大的挑战!说起来很神奇,杀鱼之后,我的心真的比以前果敢了,过去我特别优柔寡断,做事思前想后,想起童年的事,总有许多委屈,在那之后,好了很多。2014 年初,我的执行力和勇气明显提升。

4 月初的一个周末,边干家务边听周虹老师与姐妹一起在电台做节目，女儿正好也在旁边，忽然问我："妈妈，你怎么不上节目呢？"我说："啊，好吧，我也报名上节目。"其实我心里想说，妈妈觉得没准备好，没胆量呀！可我们天天教育孩子在学校要主动发言，要勇敢，自己不做表率，怎么教育孩子呢？逼自己一下吧，当着女儿的面打电话报名上节目。

经过与周虹老师沟通，将我的故事定为"谁在我的内环"。节目播出后，效果非常好，许多听众加了我的微信，让我对自己多了一份信心和责任，感觉自己上了一个台阶。

同时，自己的成长，让我对周虹老师的"奇招怪论"越来越佩服了！

初入虹汇时，为了让我们看清自己的问题，周虹老师安排周丽老师多次为我们上催眠课。我以前只听说过，但从来没有参加过催眠，一直以为催眠是让人在睡觉中通过梦境去体验。真正参加催眠才知道，催眠是在清醒的情况下，与自己的潜意识进行沟通。周虹老师让我们看冰山图，告诉我们，意识只是冰山一角，我们的多数行为被潜意识控制，如果要了解自己，必须与潜意识进行沟通。

催眠课上，我让自己集中意识，跟随周丽老师的引导语，一步步进入。印象最深的是，周丽老师让我们去地下室看看时，我在地下室看到了一个小女孩，她很忧伤，当时我就觉得那个小女孩像小时候的自己，心一下变得特别难受。当周丽老师让我分享看到的情景时，说到这个细节，我依然心情激动，眼泪在眼睛里打转。

在催眠中，地下室代表童年，我终于知道为什么当我讲自己的0—18岁时会泣不成声，知道自己过去为什么经常突然情绪化，莫名忧伤，就是因为我心里住着一个忧伤的小女孩。周丽老师让我经常与内心那个过去的自己交流，多抱抱她，问问她为什么不开心。经过梳理，我后来在日记中写道，我知道为什么那个小女孩很忧伤：因为小时候身体弱、胆小、腼腆，而且特别敏感；因为爸爸在外地工作，很少在家陪伴；因为说错话被大人严厉批评；因为小时候妈妈去外地，把我放到外婆家，我哭得好无助；因为初中住校，妈妈带妹妹来郑州治病半年，周末让我去外婆家，我却经常想家，回到家面对的却是紧锁的大门。现在，当我回忆起这些，仍然泪流满面。

经过催眠，我看到了自己的内心，知道我需要成长，需要滋养自己。当自己独处时，我就与自己对对话，我决定再养自己一次。我也感谢上天给了我一个女儿，让我如再养自己一次那样把她养大。为了丰富自己，我去学茶道、学唱歌，老公说人到三十不学艺，你现在快40岁了还学这学那。我说，我以后还要学琴、书、画，把过去没机会学的都尝试一下，在养孩子同时，再养一次自己。

现在那个忧伤的小女孩很少出现了；老公也不用面对我莫名其妙的哭泣，生活中，我们还能幽默一下。

清理的第三个环节是理清关系。

在清理内心的过程中，我发现自己还有很多牵挂的关系需要处理，咨询周虹老师，她告诉我要真诚面对自己，理清关系。

记得你的初恋吗？我在初中时，曾暗恋过一个男孩子，后来我上了高中，他上了中专，分开了。那时没有电话，唯一的通信手段是写信，我通过其他同学要到了他的地址，主动给他写信。我上高一时，他曾经去学校看过我，还送给我礼物，后来突然就不和我联系了。但我不知道自己到底哪里做错了？这个问题一直放在我心里。等再见他时，我已高中快毕业，他与过去也判若两人，过去1.5米高的小男孩，一下子长成了1.8米的小伙子，我们仅仅是客气地寒暄了几句，我仍没好意思问我的问题。当我毕业之后，又有几次见面，我很想问问一直放在我心中的问题，却总是没有勇气。在他面前，却总是底气不足，担心他说出的话更打击我。

后来,因为他们公司与我们单位有业务往来,偶尔还会碰面,我总是在他面前不自在,其实没有什么其他想法,只是那个问题一直在我心里,因此与他说话总是有点别扭。一直到2014年年初,与周虹老师见过面之后,我为自己下了决心,一定要把心里的问题问出来,无论他说什么样的话,我都能面对。

后来,我就约他单独吃饭,直接问他:"当年你为什么突然不与我联系了?"他想了想说:"好像没什么特别的,也不是突然不联系了,可能因为上中专,学习生活与你的完全不同,比较闲散,觉得共同话题少了吧!"困惑我近20年的问题是这样的答案,让我觉得自己好可笑,干嘛不早点问?对于他可能根本不存在的问题,我自己纠结了20年!现在,终于释然了,可以与他自在相处了。

清理了这段关系之后,下一步就是清理我跟父母的关系。

以前认为父母在意的事,自己必须主动去管,才是对父母的孝顺,无意中当"救世主"很多年。父母最不放心的就是哥哥和侄子,因此我管得也特别多。周虹老师告诉我,先把自己的问题解决了,家里管好了再管侄子、哥哥;对父母来说,每个孩子过好了,父母才能安心长寿,如果自己还没过好,却去管那么多,结果自己身心疲惫,父母能安心吗?听了周虹老师的话,虽然我心里依然放不下,但尽量少去管自己家以外的事了。

现在有时还有问题,当我能力解决不了时,我学会接纳自己的现状,我不是"救世主",我不是不帮父母,不是不孝顺,我只是女儿、只是妹妹。学着等待和放手,我能做的事是尽量去安慰父母,我要自己先成为"发光体",自己小家庭幸福,才能真正帮助他人。

尊重自己的感受,让外人远离"内环"区域,也是我清理"三环"的关键步骤之一。

老公的二哥在我家住也是让我非常介意的事。在课上我咨询周虹老师,她说,幸福也需要勇敢,把你的感受与哥、嫂沟通一下。

思来想去,觉得给二嫂说最合适,担心打电话会把情绪带出来,我给二嫂发了短信。尽管我很用心地写,结果当时还是让二嫂感觉受了伤害,她没有给我回只言片语,而是生气地打电话让二哥回去。婆婆一开始对我的做法也有点意见。因此,我还纠结了好几天,不停反问自己:我做错了吗?

虹汇课堂上,我问周虹老师这个问题,老师回答,你不可能照顾到每个人的情绪,就像我现在把主要的时间和精力放在了虹汇会员家庭,其他的学员肯定会有看法,我要到处解释"要培养一批虹汇导师,彻底为你们解决问题",以此证明我现在做的事是正确的吗?不可能的,尊重自己的心,其他的让时间去证明。听完之后,我释然了。现在,二哥和二嫂都有了工作,大家的生活各自归位了。

关系理清之后,我心里特别轻松,回家不板脸了,在家也能与老公、孩子更轻松地相处。

除了自我清理,周虹老师给我"做"的"手术"是我成长的催化剂。有一次,周虹老师给大家布置了一份作业:写一篇听周正老师大课的感想。于是,我特别认真记笔记,晚上熬到12点多,洋洋洒洒写了一大篇发到微信上。第二天,好多姐妹为我点赞并转发,我心里沾沾自喜!周末上课时,当轮到我问问题时,周虹老师问:"上次布置的作业都谁完成了?"我当时心中窃喜,以为周虹老师要表扬我了。没想到周虹老师却说:"我看了微信群,张静写得特别长,还有闵馨也写了很多,你俩是一类人,只激动,没行动;平时执行起来常打折扣,只注重听课,不注重实践。写的确实很多,多少能变成自己的？还是停留在表面！比如说我看到一件衣服,喜欢就把它变成我的,我会在心里立即复制出白袍、绿袍、红袍来,我在迪拜买回来的黑袍,已经复制出好多件。你们两个是看到袍子,要研究它的质地、它的袖子的做法以及它如何穿、什么时候穿。但,始终没有穿上!”

我好半天没有回过神。上学时,我一直是品学兼优的好学生,很少被老师批评;工作后也尽职尽责,听到的多是表扬,不记得我在众人面前被这样说过。如果是以前,那个忧伤的小女孩肯定又会出现了。但这次我悟到周虹老师常说“在课堂丢人是为了出去不丢人”的真实含义。

我最大的弱点就是做事思虑太多。而且我入虹汇时,虽然有困惑,但自恃懂得多,看书多,一直没有空杯心态,对周虹老师的方案总是要思索,执行不到位。非常佩服周虹老师的洞察力,经过这次“手术”,我更加深入地理解了“盲从”的含义,紧跟周虹老师的步伐,不断成长。

周虹老师说:“女人这辈子要追求的终极目标是幸福。”经过不断修炼、学习,我感受到的幸福越来越丰富和实在。

人间四月天,周虹老师说:“我们要做如花女人,自由绽放,要学习用肢体语言表达对家人的爱。”对孩子,我是能够做到拥抱的,但对老公,哎……别说肢体语言,连称呼都变了,他经常叫我“老张”,我称呼他大名,“老公”这两个字我已经很久没在家叫过了。在课堂上,我问周虹老师怎么过肢体语言这一关,周虹老师说:“从拥抱开始吧,你今天回家要拥抱老公,并且拍照发微信为证,如果老公不太愿意,可以不发脸部。”

晚上,老公回家时已 9 点多了,我把周虹老师的作业说了出来,原本还担心他会拒绝，没想到老公很爽快，叫来女儿拍照，很自然地拥抱我。感受他温暖的怀抱，我心里又惊又喜，这样的拥抱已经很多年没有过了……

通过在虹汇修行，我已经可以做到让婚姻幸福的几个方面：

爱自己：尽量不勉强自己做不愿做的事；当自己做不到时，把自己的想法告诉别人；自己感兴趣的事，现在就一件件去做，不再等待；接纳不完美的自己，允许自己偷懒；当自己发脾气时，学会接纳自己的坏情绪，并告诉身边的家人，我只是情绪不好，并不是因为你；尽量不去抱怨。现在那个忧伤的自己几乎不见了，我收获了平静、快乐。

爱自己要内外兼修，选择适合自己的衣服，有意识地形成自己的风格。

我重新真正地信任老公，从精神上支持他、祝福他。不质疑，只做我认为自己该做的事，他做与不做，我都不纠结，不比较。他喝酒喝多了，理解他，不怄气。结婚11年来，我现在才开始真心感谢他！

最主要就是周虹老师说的：相信自己能过上幸福的日子！

8月17日，老公过生日，他当着朋友们的面，端起酒杯对我说："老婆，我过去不懂事，让你担心了，以后我做事会更慎重，请你放心！"

当我听到这句话时，内心汹涌澎湃、五味杂陈！终于等到这句话了，所有的付出、所有的委屈、所有的疼痛都有了回报！我也端起酒杯说："老公，我相信你！"然后一饮而尽！泪水滑过了心，与酒一起流入了心田，我听见了花开的声音！

现在我更能感觉到老公的好：看我钱包里钱少了，他会从他包里抽一些给我放进去；出门时，他的包里永远有为我准备的纸巾；他经常早起送孩子，让我多睡一会儿；冬天我的脚很凉，他主动帮我暖脚……

女儿现在的表现让我特别惊奇：她参加学校数学竞赛、计算机比赛取得了好成绩；她的生日音乐party，邀请4个小朋友参加，我大多数时候只是听众。我和一位朋友分享，说现在女儿太让我省心了，我觉得我没做什么呀，她说，因为你们夫妻关系好了！是的。周虹老师说过：夫妻关系是亲子关系的基石，是家庭关系的定海神针！

我这个迷路的女人，经过在虹汇的修行，终于走上了幸福与快乐之路。在这条路上，我深深体会到，最主要的是女人自己的修行。生活中还会有问题，有迷茫，但我不会再迷路，有家庭的支持，我会更有勇气去面对生活中的考验。

周虹老师点评

谁在你的内环？谁在你的外环？谁在你的三环？

读者朋友可以回答一下上述三个问题，充分理解本故事主人公的感触。一对夫妻和他们自己孩子组成的“核心家庭”，是最稳定的结构。如果领养或者寄养别人孩子，或者父母、兄妹以及和这个家庭有关系的人过度卷入“核心家庭”的生活中，就会带来很多的“不稳定因素”。婚姻中的女人常常会顾此失彼，本故事主人公因此陷入了婚姻的困境，拼命挣扎。再偏离一点，可能跌出婚姻的轨道。

女人更要知道按照家庭成员正确序位生活的重要性，不做“救世主”，不做假善人，把干扰小家庭稳定的因素排除。

在这个故事中，我们用了城市建设规划中的“三环”作比喻，就是用形象化的语言让广大读者明白，在自己的“核心家庭”里应该有谁，不管是父母对已婚子女的过度关心，还是已婚兄妹之间的过度关心都属于越界，是干扰家庭稳定、和谐的最大因素。

家安财来！女人对老公的信任是家庭和睦、兴旺最重要的条件，家和万事兴。

“逃跑”的老公回来了

绑架老公自由的负念女人

钱钟书先生把婚姻比作围城：住在城里的人想出去，在城外的人想进去。对婚姻，人们还有种说法：婚姻是爱情的坟墓。这应该不是一条放之四海皆准的真理吧，爱情也应该可以是人人为之向往的，可以是可贵的，现代婚姻也基本是因为有爱情才缔结的。不加主观评判的因素，婚姻至少应该是爱情的产物和保温箱吧。但是，婚姻生活里的女人，可以把这保温箱打造成幸福港湾，也能摧残成冰箱甚至坟墓。前一种，让人愿意靠近、停留；后一种，使人害怕、紧张，甚至逃跑。我，从前一种女人演变成了后一种。

我和我的先生，是相互倾慕的高中同学，是各自的初恋。因为爱情，相恋8年携手走进婚姻。8年期间经历了距离的分隔、各自的诱惑、生存的艰辛、家人的反对……可以说，我们的婚姻基础——爱情，坚如磐石，他曾经信心满满地说，“这一生我们应该都不会红脸吵架”。爱，确实是他一切行为的驱动力，可真正进入婚姻后又怎样了呢？

婚后第一阶段：享受二人世界。结婚6年，我们互相促进、支持着对方上进，爱意浓浓。我支持他离开北京、来郑州的分公司工作。之后，他在公司业绩突出，上升空间大，暂时回不到北京，我又甘愿放弃北京的工作到了郑州。6年里，我们的婚姻生活仍像恋爱甜如蜜，感情一如既往。

那些年，在老公面前我只做温顺的小女人，没有强势气焰、不咄咄逼人，不说指责的负面语言，多是欣赏、崇拜的眼光和语言；非常开心地和他一起参加各种应酬，不说这会浪费自己时间，也不当众提醒或要求他不能喝酒；单位每年组织的集体出游，他也会邀请我同去，但我没去牵绊他，他忙他的工作，我看我的风景，和他的团队一起感受他的领导力和团队精神。他一边被太太肯定，心花怒放，一边有自己团队的称赞与羡慕，乐享其中，成就感十足，干劲大，偶尔还会对团队爆料下自己的爱情故事……现在想来，这美好的感觉及生活状态，是因为我只给他传达爱并给他足够自由。

婚后第二阶段：育儿前期。与第一阶段比，虽然也保持着对老公的爱，但随之加入了破坏性的元素——指责、抱怨、否定、不信任及操控。我先生喜欢交朋友，男女老少，三教九流，都热衷去交流、沟通，有事儿没事儿就和朋友一起喝酒，海阔天空地聊天。我以前对他这个优点是崇拜和仰慕，欣赏他左右逢源的人际关系。可日子长了，我又抱怨他的时间、精力都被工作、朋友占用，没有多给我留一些。我不止一次地对他说："你严重重外轻里，我情愿做你的同事，也不要是你的老婆！"

控制欲、占有欲作祟，我开始对他有抱怨并加以干涉。我抱怨他的应酬太多。最害怕他下班后打电话说他不回家用餐，每有这种情况，我的情绪就开始波动。有时老公会让别人接或打我的电话来"解释"，但这更让我接受不了！后来，我干脆不接也不打电话了，来个硬性规定：过夜里 12 点半后，我就反锁家门。老公就这样被拒之门外几次，但也没"戒掉"他喝酒、会友的爱好。后来，我放弃了这规定，但给他贴了个标签：不顾家的男人。如果他很晚回家，又喝醉了，还不接电话,我就会折腾他,不让他睡觉,必须起来论个理,再困也不行,谁让我睡不好呢?你也别睡了!就这样,手机被我摔了几个,员工被我要求辞退几个。

我会区分工作与非工作时间,但他不会,他24小时都可接、打电话,随时出去谈工作,工作和生活的时间根本不分,还没性别意识。这怎么能行?我觉得我必须要干涉他的工作和用人。

一个冬日的午夜,手机铃声惊醒了熟睡的全家人,老公接完电话后竟要去接一个女同事并送她回家,说是这个同事喝醉了又丢了包向他求助!我一听,火冒三丈:"你去吧,去了就别回来!"他想想说:"那打电话让司机去接下吧,都答应人家了。"我问:"是她的司机吗?凭什么去为她服务,司机也不行!"类似这种事情,我怪他不懂我,他说我不理解他,我们总为"不相干的外人"起争执。他说我狭隘,不懂用人之道,在员工有需求时,作为领导应百分百给予支持,不然你如何让人为你所用并跟随你?虽然他说得有点道理,但我怨气依然很重:"平常咋不见你接送我呢?哦,别人一个电话就能随时招呼出去了……"第二天,我还是愤恨不平:"你是不是还要去跟人家说抱歉啊?你不觉得该道歉的人是她吗?有素养、值得别人尊重的女人会半夜去麻烦别人的老公吗?"虽然他事后觉得确实不妥,但我不依不饶的气焰更使他心烦。

有一天,我很用心地做好晚餐等老公回家,但他有应酬不能回,我就很不高兴,轻则当天不理他,第二天和好如初;重则连续抱怨几天甚至使矛盾升级……再比如,他回来吃饭,我会很"爱他"地要求他吃这吃那,盛好的必须吃完,否则我就会说:"是我做得不好吃吗,那我以后就不做了,想吃也不给做……"像这种扣帽子、贴标签的做法把家里气氛整得很僵。这种爱实在太肤浅、太不成熟,其实是绑架了对方的身心自由。

纠错习惯、负向思维模式也使得自己把幸福拒于门外。我的生日，老公买大束玫瑰花，满心欢喜地递到我眼前，我的回应通常是："送花太虚，不实用吧，不如买实用的东西好。"或者说："这花又不是你自己出去买的，还不是让你办公室的人代劳的。"终于有一次，他说："如果是我亲自买来，你又会说这花不是我自己种出来的了！"

确实是这样，他买了贵的，我会说他不懂节约；他买了实用的，我又会说他不懂浪漫。他怎么着，我都不领情，还要找点不足出来扫扫兴，就是不懂好好珍惜老公的一片心意。完美主义的思想彻底破坏了我感受幸福的能力，我的负念更是让人抓狂！

为了回避和我的冲突，老公想了不少绝招，比如：工作时间，我不依不饶一定要和他谈谈，他会让司机一起上楼调和一下；如果我要求晚上必须谈清楚，要谈个我对你错，他会邀请一两个同事回家用餐，当外人面，我只有和颜悦色一起共餐，战争由此暂停。

记得有一天，是在一次吵架过后几天，表面上我们已经和好，他却很郑重地对我说："我想歇一段儿，出去调整、休息一下。"我明白他要的是清静，而我总在没事找茬儿，周期性地折腾自己和他，情绪一来就哭得伤心欲绝，还要他为我的委屈承担施害者的责任，使他产生很多的负疚感，回家就觉得累——他想逃离了……

婚后第三阶段：家有孩子的日子。这阶段的我对老公的爱全部忽略了，只有加倍的指责、抱怨、否定。哺乳期那段时间，自己很享受照顾宝宝的日常琐事，时间和精力都给了孩子，晚上先生回来也没空理他，更不会像从前一样盼他、等他回家，甚至不希望他回来打搅自己和孩子的二人世界。于是，就让他在其他房间睡了几个月，期间，和老公的身体、心灵没有任何交流。现在才知道当时的自己是多么无知，以为爱孩子就可以冠冕堂皇地忽略孩子爸爸，却不知夫妻关系和谐恩爱将会有双倍的爱传递给孩子；不知道夫妻关系紧张了，自己根本不可能全心全意爱孩子，同时还会把不良情绪传递给孩子，伤害到孩子；不知道如此坏情绪会恶性循环，会生出传说中的围城感、坟墓感……现在看来，这一切不都是自己造成的吗？女人就是这样，自己的问题却总要怪罪男人，总要让男人来承担责任。

一天早上，先生被我叫醒起床送女儿入园，他说不舒服，想多睡会儿，我一顿指责并坚持让他送女儿。当日，他在单位因发烧住院医治，不但不和我说，也不回家住。两天后，我知道情况，不但没有心疼反而更加生气，心想生病了还不回家休息，竟然自己图清静去住医院。我再累再疼还得忍着带着小儿子去接送大女儿，当时脑子里闪了一个负念：你不管孩子，我也不管了，我要出去工作，不要委屈地在家带孩子……

我该怎么办？我想要和谐、幸福的家庭生活，我想要安定、幸福的家，可又忍不住唠叨、埋怨……最后总是走了样。我十分彷徨，当时心想，在郑州有没有一个懂男人和女人内心想法的高人或组织存在？真正能为我指明向左还是向右？到底哪个方向是对的？

根除负念，口吐莲花

女儿是我家爱的天使，她让我学会母爱，让我懂得失而复得的宝贵，给我带来了不留缺憾的幸福，相信她永远是引领我成长的好宝贝！

见到周虹老师本人，也是在女儿幼儿园的一次公益课堂上。之前虽然在郑州广播电台《亲子课堂》栏目中听过周虹老师的声音，但左耳朵进，右耳朵出，没怎么过心。在这次公益课中感受非同一般，有了要从自身一点一滴做起，做一个好女人、好母亲的强烈愿望。当时，我心里想这位周虹老师就是我要找的指路高人了。

就这样，2014 年我加入了虹汇！

虹汇课上，轮到我提问题时，我迫不及待地讲述着自己最近对老公的不满、养育孩子遇到的问题等，以求周虹老师指点、出谋划策。我诉说："老公愚孝，对我不够坦诚，不够尊重我，不与我商量就直接借大笔钱款给朋友，公、婆及其他家人都把我当外人防着瞒着，为此影响夫妻和睦。还有，儿子不到两岁时，我把他寄养在陌生人家中，自己只是每周过去看看他，就像看别人家的孩子一样，我很内疚，很心疼，同时觉得这都是老公造成的，因为他只顾工作、交友，不顾我们，我一气之下决定我也去工作，不带孩子了……"

周虹老师说："你想要的太多了，自己究竟想要什么？你自己做好了吗？在要求别人做到之前，请自己先做到。你尊重老公和孩子了？爱他们了？孩子要义无反顾地接回来自己带。"

每一次我提问题，老师给我的都不是我想要的答案，而是指出我的不对和不足。在一次虹汇课上，周虹老师异常耐心地让大家给我时间听我说完，我正在庆幸，马上就被实施了一场不施麻药的"手术"，"血淋淋"地把我剖开呈现在大家面前。她看着我，一字一句地说："你的每句话都是指责、评判他人的不是，怀疑别人的能力，别人怎么做你都不会满意的，你的语言让人神经紧张，血压上升，抓狂，你知道吗？"然后，老师又对着所有会员说："大家注意，她所讲的可能都不是真相，不要被她的话骗了。"

我傻了，心想周虹老师居然都不相信我日夜纠结、苦恼的事儿，这还怎么指望她来给我出方案解决问题啊。这时，周虹老师又对我下手："你很可怕，总在找别人的问题并抓住不放，语言负面、消极，这种人应该从地球上消失，对老公、孩子反而是好事儿。可以说，你现在毫无价值可言，没有赚一分钱，还在家不停地翻浪找事儿，对赚钱养家的老公没有半点感恩，你老公随便找个女人过日子也会过得比现在好。”我当时真是听得晕乎乎的，周虹老师不费吹灰之力让我消失了，我不复存在了……

我很不服，觉得周虹老师这样分析，不合事实逻辑，没道理，明明是他人的问题反说成我的，太牵强了！

周虹老师不理会我的感受，继续在我受伤的心上撒盐：“虹汇以后最好不让这类会员进入，太难了，大家以后只要听到她讲别人的坏话，就让她闭嘴，定力不强的人最好不与这种人交往，在虹汇小组活动如果讲不出好听的话就不要给她分享的机会……”就这样被老师扒下伪装，我好像“浑身赤裸”地站在众人面前，持续了十几分钟的时间。

无比丢脸的感受啊！回家后，我坐下来梳理、真正来面对未知又真实的自己。以前自己在折腾翻浪后也会自省，让生活归于平静，但时间很短，认识很浅。这次不同，两天无心问事，两夜彻夜无眠，白天、晚上都在回想、反思这十几年来的婚姻生活，好或不好的生活状态，实实在在地是与我的情绪、我的心境有关。

周虹老师真是火眼金睛，原来我真是一切的根源啊！

他，还是那个初恋的他，甚至有一定的光环了，他对朋友和家人做到了忠、义、孝，对我的野蛮、任性能包容，对我不离不弃。大自然对我这个普通女人已经很垂青眷顾了：老公身在商场游刃有余却从不屑拈花惹草或逢场作戏，赚的钱随我支配，从不过问花销，让我丰衣足食，有股票玩、有钱款存、有房住、有房租收、有车开，更有一双可爱的儿女，老公一直以来还建议我不用出去辛苦工作……我却一直在忽略这些心随我愿的部分，对无法完美的那些总是去放大、贴标签，哀哀怨怨，实为不知惜福，不懂感恩。

周虹老师的那番话深深刺痛我的内心，大叫一声，我醒过来了。她把我批得毫无价值的原因是什么？用意何在？我开始问自己：我凭什么委屈不满？青春年华渐渐逝去是老公带走的吗？烦恼是老公强加的吗？老公婚前婚后是两种性情、两个人吗？我的自寻烦恼及发飙于己于人有益吗？我有权利绑架他的身心自由吗？我现在去跟别人诉说让全世界来谴责他，这有用吗？能带给我们愉悦、幸福吗？答案都是否定的！

周虹老师把我“打碎”的目的可能就在这里了，让女人看清自己，不再自以为是，女人也就会由此自省起来……原来是女人忘了去扮演好自己的角色、管好自己的情绪，只顾得去张牙舞爪管控男人、肆无忌惮跟男人索要，这就是痴心妄想，更是不成熟的表现。男人是会逃跑的“动物”，更是容易被吸引过来的“动物”，女人做好了自己就像盛开的鲜花，自然会吸引男人过来，反之，就像我之前的生活状况，只能把老公逼跑！

想通了周虹老师的良苦用心，明白她给我找到的“病症”之后，接下来就是用她开的“药方”，一步步修炼，一步步成长。

先是思维模式上的调整，每天挖掘老公和孩子的优势。那段时间每天等孩子睡着后，我就静下来写他们值得赞扬的优点，开始觉得很难，因为我的习惯是抓他们的不足，思维模式一下要反过来，感觉很不适应。但老师要求必须发微信写老公和孩子的优点，并让虹汇“纪委”监督，一天不发，罚款50元。都硬性规定了，那就执行吧，要不然丢了银子更失面子和信用。就这样，简单重复地做着，从发孩子的优势中还能重新发现老公的好了。后来，觉得每天能发现的优点都不止一个了，有种只看见优点而看不到缺点的感觉了，即便没有及时记录下来，也慢慢有从正面看人的心态了。

接下来就是在语言配置上的重新组装，要扬“正”抑“负”！这是我最需要修炼和学习的。

周虹老师说：“在做不到口吐莲花之前，请先闭嘴吧！屏蔽那些指责、抱怨、否定、打击等负面语言。”哇，口吐莲花，不就是说肯定、赞美的言辞吗，这是老公最喜欢和感觉要飘飘然的了，对于外人的礼貌性赞美，他都会乐开花，但他说过：“别人的十句夸赞也抵不过老婆的一句真心肯定。”我好像找到点儿感觉了。

听周虹老师的话，深度闭嘴，没想到，才闭嘴一周，老公就对我有些肯定和支持的反应了。虹汇的一次春游活动，他知道后，主动要求参加，还推迟出差的安排……我很惊喜。以前我计划说去哪里玩，他一般不怎么响应的。这次是怎么了？好奇我最近安静了，没有情绪的变化吗？在去的路上，即便是女儿在车上开心地说东道西，我也不多言，把亲子交流的机会给父女俩。期间我只说了一句：“宝贝，今天很开心吧？妈妈也开心，因为有爸爸陪我们一起去玩，对不对？要感谢爸爸哦。”女儿高调回答：“是啊！开心！谢谢爸爸，喜欢你！”老公听了自然美滋滋的了，咧嘴笑开了。回来的路上，女儿又对爸爸说：“你知道吗？今天虹汇的很多阿姨羡慕妈妈。”爸爸问：“为什么呀？”我说：“因为有爸爸陪我们出来玩啊！”

我感到老公偷着乐呢，他喜欢我这样说话的感觉，虽然还没有做到口吐莲花，但不再张嘴就是抱怨之词了。当时，我们没有直接回家，老公让我们先去了他的办公室，老婆、孩子高调地出现在同事面前，这在以前是被他认为不妥的。随后出差路上，老公又发信息说：“尽管周虹老师说你有很多有待成长的方面，但夫人不用有任何压力，你也有许多可贵的品质，带好儿子、女儿，让他们健康、快乐地成长，是我们最需要承担的。”

家庭和睦之后，就是要“爱上自己”了。周虹老师一再说：“只有先爱自己，才有能力爱家人。”有一天上课，我穿了条短连衣裙，周虹老师笑着问我：“你穿成这样，别不别扭？习惯吗？在家也这么穿？老公怎么说?”我说：“我觉得挺好的啊，出门就会这样收拾的，老公也不管我这些。”当时心想，我身材也不差啊，很多人羡慕我这年龄还可以穿得了这类衣服呢！显得年轻、可爱，不是多数女人的愿望么？怎么到老师这儿就什么都不对呢？后来，我终于在课堂上找到了答案。老师以轻、柔、缓、美为主题，教导女人穿着打扮一定要符合自己的年龄和身份，要了解符合自己肤色的色彩，避免买到适合款式但颜色不对的衣服，而且女人的衣服应该随年龄做加法，宁长勿短，宁可多一件也不要少一件带在身边。

周虹老师穿衣风格展现的气场和魅力足以让虹汇女人崇拜，大伙儿趋之若鹜，纷纷结伴去上服装色彩搭配课，同时按老师说的那种穿衣原则去选购、定制衣服。一段时间下来，所有虹汇女人个个像被魔法师施了魔法，变得美丽、优雅，穿着飘逸仙裙从容不迫地来上课。我也着实地喜欢上了这样的飘逸长裙，舒服、放心、自信。老公也看出了我不同以往的穿衣风格，一天聚餐时说：“眼前一亮，众目聚焦啊!”原来老公也不是不关注我形象啊，只是他会把好的一面说出来，不认同的地方视而不见，尊重他人。这比我水平高，正是我需要学习的模式。

慢慢地，周虹老师对我们这些女人的态度越来越温柔，她说，自爱要会养自己的身体，就是通过运动管理自己的身体从而管理好自己的情绪。运动除了强身健体，帮助排除负面情绪，还会让人积极向上、自信、宽容、豁达。记得高中时期，自己热衷晨跑，每天深深呼吸着清晨大操场里的新鲜空气，即便下着小雨、小雪，也要去享受那一刻。不经意间,三年里轻松成为校运动会长跑冠军,为班级争得了荣誉。那种状态就是专注、平静,只管自己有序地去做,没有要得到什么的利欲之心,呈现给人的是努力、踏实、意志坚强等积极向上的面貌。哇,原来她还不是只会读书啊!同学们对我又高看一眼,老公就是那时其中的一位。写到这儿,我想起了周虹老师一次对我的指点:“你可以想想当初你们恋爱的时候,你吸引他的地方、让他感动的事情,重新找出来!”哦,这不就是一个吸引他的地方吗?他喜欢那种状态的我!

周虹老师的教导中还有重要一条就是“相信老公”,不去怀疑他的能力。这话有点听不明白吧?大多女人都不会觉得自己怀疑了老公的能力。但事实证明,女人对老公的决策感到担忧或阻止,骨子里其实就是怀疑他的能力。

某天我向周虹老师说:“我老公提议要卖房子,把钱投入一个项目中,我很生气,很担心。”老师说:“听老公的就好,不要事事都反应激烈,你驾驭不了大笔资金的运作,不要去怀疑别人的能力。”之后,老公再提起这件事时,我记着老师的话,就说:“好的,相信你的能力能赚来更多的财富。”不再反应激烈,上纲上线地扣帽子。冲突也就没再发生,之后事情的发展也不是我所担忧的那样,他并没有去把房子卖掉做风险投资。瞧,相信了他的头脑和能力,他也就不对抗了,会理性地去权衡,这是成就别人。反之,他可能会因我的对抗和争吵不休而赌气冒险做事。

生活一天天继续,依然是那么琐碎,但在琐碎中我关注的焦点已从他身上移开了,不再纠缠、干涉他做或不做一些事情。遇到观点有冲突时有意识地提醒自己在成长,想象周虹老师遇到这个问题会怎么处理。借高人的智慧及胸襟思考一下,问题都不成问题了,情绪也适时得到控制,一转身,有序地去做自己该做的事情,不良情绪很快排掉。

这些转变都是通过盲从周虹老师的教导实现的，我懂得了生活的美好，一点点、一天天自己去做去感悟，明白了幸福不需等待，以前那种要等待完美才能幸福的思想太荒诞了。接纳并放下生活中的“难”，幸福其实唾手可得。

现在，我的婚姻状态是：如果老公在家里，我会经常让自己“虚”度一会儿，不是事事非己不行，让自己在老公、孩子面前低调下来，给他机会去填“实”一会儿，成就他人又轻松自己，何乐不为呢？家里平静了，说话时也少了对抗，不再带刺儿，适时地给对方肯定的赞美、温柔的拥抱、及时的服务，大家有时会聊一段甜蜜的回忆。在家他轻松舒服，不再紧张，不用防御着我的语言攻击，似乎回到了多年前的感觉，互不设防，你好我好，情深意笃，这不正是我想追回的幸福生活吗？

做足女人格——温柔，可爱，有用，性感！我还远在路上，要在生活的各个层面修炼自己。

我曾经问周虹老师：“这期间老公若能配合一下我的成长就更好了，这样想，行吗？”

老师说：“不行！你是虹汇会员，而男人不是，要修炼的是你，不是男人。”

我再问：“那让他也一起去听课，不就行了吗？”

老师回答：“也不要！这样做，你又是在强调老公有问题，要求对方去成长而逃避自己的长大。”

确实就是这样，女人进步一小步，男人会超越一大步。

我的一点成长进步，让他重温到家的温暖和快乐，几次提议要我和孩子们迁往他工作总部的城市，原来他也是需要家、需要爱、懂得责任与担当的啊！以前我总说他冷酷无情、不懂爱、不顾家，甚至说他是不需要家不应该成家的人！本来我是不想这么快随他迁居的，后来听孩子们说每天想见爸爸、跟爸爸玩。那就去吧，听老公的话没错，听孩子的话开心！虽然那边已过了入托报名期，但老公在短时间内把房子和幼儿园联系好，关键时候竟然这么有用，要知道他平常不管家里的衣食住行呢，进步着实比我大，爱的力量真强大！

儿子报名的幼儿园通知8月初开学，托班新生适应有一段时间，可我之前预定这个时间去马尔代夫旅游，两件事冲突，要不就耽误儿子这半个月的前期适应，要不就放弃这次旅行。和老公一说这情况，他竟支持我带女儿开心出游去，幼儿园那边他会去请假……而且在我们旅游回程的前夜，老公赶回了郑州，次日早起主动去机场接我们。

现在，我们一家四口的生活充满了爱和满足，欢声笑语每天洋溢在屋里屋外。老公下班后会减少一些应酬，享受家门打开的瞬间两个可爱的宝贝飞奔、尖叫着过去拥抱他的喜悦，懂得陪孩子玩耍时间、学习时间的重要，偶尔还会为我分担些家务！老公的烟酒量也少了许多，而且绝对不在家吸一根烟，周末还会带孩子们出去亲近大自然，这一切都是我和孩子们一直期盼的有序、快乐的周末生活。

最近让我感动又佩服的事情是：他照顾了两个孩子三天三夜的吃、喝、玩、睡及接送幼儿园！因为我回郑州参加周虹老师两天的禅修辟谷课程。他在思想上、行动上一直支持着我，以后我要更懂事更成熟起来，固化好的变化，修炼内心的平静与宽广！

老公，对不起！我曾经错怪了你，请原谅！

老公，谢谢你！你是我和孩子们的大树，以后要多滋养你！

老公，我爱你！你的心，你的爱回来了！幸福如初！

周虹老师点评

人们称她们为虚耗女。

虚耗女的话题曾经掀起波澜，男人点赞，女人愤怒。也有女人说：为什么男人不能自觉远离虚耗女？说实话，男人只能逃得远远的，不会决绝离开，她们都很有手段，结婚多少年来她们一直虚耗对方，无法真诚沟通。

语言可以传递爱意，也是致命的武器。虚耗女的言语让别人发狂、逃离、厌烦、害怕……

不做让别人发狂的虚耗女，想拥有真正的沟通首先需要沉默，然后从修行“三字经”开始。“三字经”模式的目的是让虚耗女持正念静观，大脑跑在舌头前面。于是乎，口舌生香，人见人爱。

女人，不要把精力放在防备上，要成为一种人——和谐家庭都有的女人！无论何时，当异性出现在她爱人面前，大多是在为她加分呢！

你呢……

脱掉受害者外衣

陷入泥潭的生命

无数个不特定的时刻，某高校女生宿舍只剩下一位女孩，痛不欲生、肝肠寸断的哭声，宣泄着她内心的痛苦、无助、压抑、焦虑、恐惧、悲伤、哀怨和迷茫。这，就是我大学时代最刻骨铭心的过往。仿佛身处一个黑暗无边的大泥潭，极力地想挣脱，却总是发现自己又处在另一个更大的漩涡之中，就这样，一直无力地挣扎着、挣扎着……

临近毕业，我的家庭又遭受了接二连三的重创，在重重困扰下，我心力交瘁、手足无措，匆匆地完成了人生角色的重大转换，由象牙塔里不谙世事的小女生迅速过渡为人妻、人母。更可怕的是，我把这种深入骨髓的悲情和受害者心态带入了婚姻生活，爱人的某种行为、某句话甚至是不经意间的某个眼神，都会演化成最强催泪剂。多少个日子，我以泪洗面；多少个深夜，我黯然神伤……曾经一度让他觉得我简直是不可理喻，怎么会有这么多的眼泪？

我喜欢怄气、冷战，面对生活中一些司空见惯的问题，习惯性地把自己置身于受困者的境地，将简单的事情复杂化，在死胡同中徘徊不前，把自己弄得像世界上最不幸的那个人，进而自怨自艾、顾影自怜。在困境中生活，我就是个实实在在的受困者，生命中没有阳光、没有生机，不是个鲜活的生命，感受不到爱，自然也无法给予他人健康、温暖的爱。对于儿子的降生，我依然无动于衷，丝毫没有进入做母亲的状态，爱人看在眼里、急在心里。他为了保护我那颗脆弱、敏感、易碎的心，以短信的方式委婉地告诉我：宝贝，教育孩子是人生一辈子的责任和事业，一个人事业上有再大的成功也弥补不了教育子女失败的缺憾！尽心尽力引导好儿子成长，就是你最大的功劳，也是我最大的愿望！你辛苦啦，你的每一份付出我都会谨记于心！

然而这所有的一切，并没有唤醒我。尽管爱人竭尽全力宠我、爱我、包容我、呵护我，但当时由于我执着地“披着”受害者的外衣，依旧沉浸在自我构建的黑暗泥潭中凄凄惨惨、悲悲戚戚地活着，无法自拔。爱人想方设法，借我生日之际，再次发出了他内心的呼唤：宝贝，今天是你的生日，祝你生日快乐！29年前的今天，你出生了；29年后的今天，你已成为我的妻子，并拥有一个健康、聪明、可爱的儿子，使我结束了数十年单调的单身生活，有了生命的延续。因此，生活变得丰富而有情调、快乐而有希望，虽然你我偶有摩擦，但只属于牙齿与舌头之间瞬间的不协调，积极、美好、和谐、幸福一直是我们婚姻、家庭生活的主旋律：我爱你！所有的家人都爱你！如今，我们的虎子已能连续喊出妈妈、妈妈，这更能使你感受到做母亲的幸福与快乐、做女人的成就与满足！宝贝：对于你我和儿子而言，幸福、快乐的日子才刚刚开始，让我们共同珍惜拥有，享受美好未来的每一天，我将坚持宽容、包容、温和的原则来处理家庭中的一切，同时也想更多地体会到老婆你多一些的温柔和贤淑！爱你！吻你！亲你！

四季轮回，感恩大自然的无限眷顾，但是，我人生的春天姗姗来迟。

顺应命运的激流

直到有一天，我收听郑州广播电台《亲子课堂》栏目，邂逅了一个美丽的声音——这声音来自周虹老师，并被她的真情告白深深吸引："我是周虹，大家称呼我是亲子教育专家。我喜欢这样介绍自己：我是一个快乐的女人！每个人都有一个看似简单其实奢侈的梦想，做一个一生快乐的人。直到现在，我做到了，在我的人生中，快乐不是断断续续的，而是恒久绵长，润泽我整个生命的过程。与你们一样，我的生活、工作中也会有困难、挫折、失败，也会遭遇到欺骗和伤害，而我有能力很快恢复自信、快乐。……快乐是一种能力，持久快乐是一种修炼。我，是一个有快乐能力的人，并且很想通过虹汇把我的经验和方法分享给大家……"

那段时间，通过隔空神交，我真真切切地感受到周虹老师发自内心的快乐，并对她描述的那种"快乐的能力"充满无限渴望，听节目越多，越感觉她的快乐和境界是我无法企及的。虽不能至，心向往之。周虹老师为何能轻而易举地做到这些？而我为什么就找不到任何快乐的理由呢？

终于，我鼓足勇气，怀着复杂而又忐忑的心情，来到虹汇，见到了我心目中的女神——令我仰望膜拜的周虹老师。她是一个宽容的女人、一个真正追求快乐的女人，面对生活中的难题，只有感激。在这里，周虹老师表达了她对人生的看法——万事皆好，还向我描述了一个我前所未闻的懂爱、懂生活、懂人性的成熟女人应有的人生模式。

从懂事起，我最大的梦想就是逃离农村，于是我拼命学习，最终如愿以偿；然而20年如一日的教条化学习造就了我僵化、禁锢的思维模式。

周虹老师审视着我，用犀利的语言颠覆了我旧有的观念：并不是你知识越多、学历越高，就越能读懂爱人、养好孩子，关键是看你有没有真正幸福的家庭文化，而这种文化是不等于知识的。

当夜，我失眠了，是因为那种触及灵魂深处的冲撞和震撼。爱——人生幸福的密码，这种憧憬，想想就令人激动，我要学习这个密码，掌握它，让生命迸发出她应有的绚丽色彩。“想成为谁就靠近谁”，我暗暗发誓：就是她了，给自己一年的时间成为好母亲、好妻子！

但是我发现在虹汇成长真的不容易，表面看，我是个听话的好学生。周虹老师说“你的形象价值百万”，于是我变换了更有女人味的发型；周虹老师说“你就是你所穿的”，于是我潜心学习服饰与色彩搭配；周虹老师说“物为心之外化，物有序则心有序”，于是我对家中进行了全面清理；周虹老师说“当一个女人可以控制自己的身体语言时，她就可以控制自己的情绪”，于是从不爱运动的我逼迫自己行动起来……

可是，我却一直浮于表面，有意无意地拒绝和阻抗内心的成长。

一次，我又流着泪诉苦，周虹老师盯着我的眼睛说：“你沉浸在痛苦中很过瘾啊，你对这种感觉上瘾！”

怎么可能？我对此嗤之以鼻，哪有人对痛苦上瘾的？

周虹老师进一步直击要害：“你的悲情深入骨髓，你们家族传承的文化就是悲情。你一直沉浸在悲情中，根本就没有听我在说什么。当一个人认为这件事情没法解决的时候，这件事情就是没法解决；当一个人认为：哇，这件事情，我就是这样去解决，我认定了，今天一定要……这件事情就能解决。提醒你，你多年的悲情甚至已经深入到宝宝的潜意识里，他害怕失去你，即使是在一套房子里都没有安全感。你儿子现在的心理状况是随时随地害怕失去妈妈的关爱。想想，你这样一个妈妈，会给孩子带来什么样的命运？从现在开始，你要积极、阳光地去面对所有的事情，把自己先变成不悲情的人，不推责任，向内深省，‘我’才是一切的根源。假如你是一缕阳光，假如你是一阵春风，你还有什么可担忧的呢？你是春风，春天就在；你是冷风，冬天就在；你是热风，夏天就在。而此时的你，显然是一股寒气逼人的冷风。冰冷的存在，自身没有爱，更无力给予他人爱。”

此刻我眼前突然出现一幕：爱人有时加班至深夜归来，我起床开门而后扭身就走，连一句问候的话也没有。爱人兴致勃勃地提及某个话题，我却一盆冷水泼过去。

是啊，我就是这样冰冷的人……

周虹老师继续讲道：“每个人活在世界上都有不同的角色，有人是为润泽世界，有人是为改变世界，有人是为破坏世界……于是，有人负责给别人希望，有人负责伤害，甚至还有大多数人浮浮沉沉、角色模糊，不知道自己到底是来世界上干嘛的。你来到世界上扮演的是什么角色？”

无疑，我认为是被淹没在人海中的一分子。

然而，周虹老师追问：“你既然认为自己不是来伤害的，那么你给谁带来过幸福？”

我哑口无言，是啊，我给谁带来过幸福？自己、爱人、孩子、父母、朋友？答案全都是否定的。

周虹老师常说：一个人首先要活好自己！

今天我才真正明白，我没有给过任何一个人幸福的时候，甚至包括我自己。

我对自己说：你就彻彻底底地把受害者的外衣给脱下来吧。在你还没有尽到照顾自己的本分之前，在你还没有负担起你应负的责任之前，在你还没有兑现自己的承诺之前，请不要先要求老公了。

老师的心理测试像照妖镜一样让我原形毕露：矛头总是指向别人，反而忘却了自己能给爱人和孩子带来什么。人生这场大宴席上，我的面前空无一物，坐等老公的“施舍”；然而如果自己本身就是一桌饕餮盛宴，此刻他的给予就是锦上添花，有与没有都无关大局。

就这样，我的伪装被周虹老师一层层揭穿，她屡屡提醒我不听话、不执行，直至有一天她形容我“老公拿不出手”，我懊悔、难堪、无地自容，下定决心要彻底改变自己的负面思维，让恶劣的家庭文化就此断代。于是，我找来周虹老师的往期节目，一遍又一遍，反复听、细细品，对号入座，原来我一直穿着一件受害者的外衣。

当我第一次在微博上晒出爱人的照片时，周虹老师在微博上开玩笑地回复：哇，是不是你发错照片了？这个男人儒雅、帅气，眉宇间透露出刚毅和责任！

上课过程中，周虹老师把我发的照片分享给姐妹们，她说：“漫天飞舞的雪花，她爱人抱着儿子，一看就是一个成熟又有责任心的男人，甚至从他的脸上我都能看出墨香来，他是一个书卷气很浓的俊朗的男人。但她不说人家好，一直就不说人家好，这真的是没心没肺！但是她也很勇敢，她把我的评论又转过去，肯定她爱人也看见了。”

的确如此，爱人看到后问：“在虹汇女人心目中，我是不是一个十恶不赦的男人？”

周虹老师揭示了我生活的真相——他在茫茫人海中找到我，从此牵着我的手；他在陌生的城市给我一个家，从此揽我入怀；他在我沉迷苦情的岁月始终不渝等待我……等待我长大，因为他是真的爱我！

这个月，我脱掉了受害者外衣，真正地意识到：眼前的这个男人把我这个农村姑娘娶到家，给了我房子、车子、孩子，给了我一个温暖的家，但我始终身在福中不知福。我也瞬间明白：对这个男人，我应该感恩，感恩他给予我这么多，想想好多儿时的小伙伴现在还生活在水深火热之中呢，而我已经跳出来了！同时，我也突然发现：自己才是一个无能者，因为我没有给这个男人和孩子很多的幸福和快乐，作为女人、作为妻子，我是失职的；甚至作为女儿，我也没有把自己的生活过好来孝敬父母，因为最大的孝顺是活好自己，给自己幸福。所以，在那一刻，我真正醒悟了。

脱掉受害者外衣的同时，蓦然回首，我发现人生根本就没有那么不幸。从来没有命定的不幸，只有对不幸死不放手的执着。破坏平静的，永远是自己的心。表面上是受害者，可是受害者最大的伤口不是被伤害，而是不肯放下受害者的角色，宁愿浸淫在痛苦和自怜的心理惰性中，被负面思想侵占理智和心胸，所以容不下过错，也无法放过自己和别人，可谓怨天尤人，伤人害己。

有一天，周虹老师坦言，一年来，她在我身上做了一件非常残酷的事情，受害者的外衣已经牢牢地长在我身上，就像一层皮一样，她也是一点一点把它撕掉的，撕的时候她也很痛心。

当然，我更是体验了前所未有的撕心裂肺、刻骨铭心的痛，但我义无反顾，期待破茧成蝶的那一天！每当孤立无助、濒临崩溃的时候，我会停下来反省自己、看清自己，到自己的内心深处，与自己坐一坐！好好关爱自己的心、养护自己的心，为自己的心搭建一个芬芳四溢的花园。

周虹老师的话无数次在耳畔回荡：谁也不能决定你是否幸福，只有你自己！想拥有爱，先从自爱开始。珂啊，不是别人离开你、抛弃你，而是你自我否定。远离伤害自己的源头吧——放下那些糟糕的情绪和心态！爱自己，让自己温柔、可爱、有用、性感！爱不是目的，而是优化生命的过程。爱是这辈子你要感恩的礼物，借他来反照你自己。如果他的问题使你痛苦、干扰了你，那么还是你内心缺少些什么，最终还是你的问题。

思想决定意识，角度决定高度。当我一直扮演受害者的角色，苦不堪言；当我脱掉受害者外衣的时候，当我不再是一个受害者的时候，转身即是幸福。其实，老公深爱着我和儿子，是一个顾家、爱家的极品男人。无论工作多忙，他都坚持每天给我打至少一个电话，表达关心、爱意，时刻牵挂着温暖的家。每个清晨，当我和儿子还沉睡在梦乡中，爱人出外打拼，临别不忘送上爱的吻——额头、脸颊、嘴唇。记不清有多少个不眠之夜，我们相拥而谈：孩子的成长、工作的点滴、社会的百态、人性的光芒、幸福的回忆、美好的未来……直到其中一个人沉沉地睡去。

一次，老公送我去上课的路上，我俩发生了争执，我赌气下车。没想到下午课程还未结束时他就打来电话，我因听课未能接，他又发短信问几点去接我，我被他的宽容、大度所感动。周虹老师说："他知道你为什么来学习，所以，放学路上，他希望你不孤单！"

遵循周虹老师示弱的方法，学会服软，果然"实惠"多多。虹汇上课结束回家后，我胃里翻江倒海，老公给我做了 1 个多小时的胃部按摩，次日早上又忙前忙后照顾我且背我下楼去听为人父母必修十堂课，期间又打来两次电话问候，他的浓浓爱意、款款深情让我感到无以为报，唯有潜心修炼，做足自己！

现在，我知道了：男人就是男人，不能仅凭他的外在表现判断他爱与不爱你，我学会抽离自己一些了。于是，我发现——原来自己一直被爱着！老公有情绪时，我不再对抗、不再激惹，而是默默地看着他；事后他意识到，尽力弥补，我佯装不睬，然后平静地告诉他这是在往我心上钉钉子。他巧妙应变:是铁钉还是不锈钢钉？我忍俊不禁,我们约定以后双方都不再往对方心上钉钉子。老公感叹:“我可能是个完美主义者,自己做到的事情要求别人也做到,如果做不到就恼死了。”看来他也在不断地自我觉察、自我成长。给老公思考的空间,他会悉心觉知!

寒冷的冬日,当我提出要自己去虹汇参加活动时,老公说:“今儿天冷,我更要送你。”路上我问他:“我在你内心哪个圈里?”他毫不迟疑:“当然在内环。”我认真地告诉他:“你在中心。”当女人一直伸手、不停索要,只会适得其反,逼得男人无处可逃;当女人俯下身子、做足自己,潜入生活的海洋,用爱去温暖男人,男人自然会主动靠近你,想要的一切都会不期而至。

两性关系中,懂比爱更重要！我有个足够了解我的老公,而之前的我却完全不懂他。第一次给他洗脚,轻轻地托起、仔细地打量、温柔地抚摸,我的眼眶不禁有些湿润,正是这双脚,承载了这个顽强、坚毅、百折不挠的男人,宛如一棵挺拔的大树,为这个家遮风挡雨。这细微的举动竟然让老公受宠若惊,连连对儿子说道:“你妈妈终于知道什么是爱了,谢谢你妈妈,明天晚上我给你妈妈洗脚。”我心想:亲爱的,对不起,以前,我总是抱怨你,指责你,挑剔你;现在,我要成为最懂你的人,以你喜欢的方式关心你、心疼你、照顾你、爱你。

2014 年我生日时,爱人直抒胸臆:“亲爱的宝贝:祝你生日快乐！今天,你不仅走到了 30 岁的旅程,也成为了一个两岁半男孩的妈妈,拥有爱你和孩子的丈夫和一个温馨的家,而且在不远的将来,你还会拥有一份令人艳羡的事业,感受工作之紧张、辛苦、喜悦,使你能体验到学习、家庭生活之外的更加丰富多彩的人生。”

儿子 3 岁生日时,老公真情流露:“说实在的,你所经历、体验的美好的这一切，都归功于你妈妈3年来对你的深度陪伴、悉心呵护和精心教育，你应当深深地感谢你的妈妈……爸爸很爱你们，从你们那里获得了很多的快乐、幸福和满足。爸爸深深地感谢你们！同时也将更加努力为你们创造更加快乐、幸福、美好的生活！”

在此，要特别对我深爱的老公说一声：亲爱的，深深地感谢你！感谢你的深情相伴；感谢你给予我不渝的爱情；感谢你创造优裕的生活；感谢你对我的包容、体贴、理解、支持、鼓励、肯定；感谢你的百般关怀、千般呵护、万般宠爱；感谢你耐心地等待我慢慢长大。因为有你，我的生命更加完整；因为有你，我的人生更加丰盈。亲爱的，你就是我生命中的贵人！今天，我终于有能力做你一辈子的女人！

亲爱的，原谅我曾经的青涩无知、不解风情；如今，我情不自禁、心甘情愿依靠在你宽厚有力的臂膀旁，和你一同享受幸福时光。

爱，蹉跎岁月最真实；爱，自我成长最珍贵！我们活在爱里，一生一世！

周虹老师点评

世界，不是身在何处而是心在何处！

受害者的气质是一代代传承下来的。是受害者，就应该羸弱无力地经常赖在地上哭泣。因为是受害者，被别人伤害，要到处诉说怨情博取同情，竭力抱怨别人，诉说着命运的不公平。很多女人把受害者的角色扮演得活灵活现。

事实上，女人在自残，并没有人伤害她，她沉溺在原生家庭负性悲情的文化中无法自拔，对现今生活、对老公和儿子的种种好处视而不见、浑然不觉。表面上是受害者，其实只是死执着受害者的外衣不放，自私又懒惰。为自己不改变、不进步、不成长寻找理由和借口；不愿放下旧有的行为模式、思维定势、习惯惰性，因为恐惧，不想承担。

甚至，潜意识中认为自己此生注定不幸，愿意成为牺牲品！

对于有“受害人”心态的人，刚开始会有人同情，但久而久之人们就会远离。

有受害者心态的女人，她与男人关系怎么样也处不好，嘴上说爱，内心深处从未接纳过男人，只是骗过了她自己！一些女人在潜意识中恨着父亲和祖辈父权，把丈夫当成他们的化身。男人娶了这样的女人是冒险。

脱掉受害者的外衣很难，需要勇气和承担。但是脱掉瞬间即可看见幸福就在身旁！

无论生活在城市还是农村，每个人都感觉自己很卑微、渺小，谦卑地对命运俯下高傲的头颅。然而，女人，决不服输，承担起自我的救赎吧，坚强地成长，让恶劣的家庭文化断代。

女人，你可以幸福，你活得可以与父辈不同，过好自己才是爱父母。通过你的幸福来实现祖辈命运的圆融，他们在你的背后支撑着你。

你是安全的！

重 生

仇恨锁心，挚爱远离

我和老公是高中同学，他幽默、阳光、帅气，在我最痛苦的高中时代走进我的心里……我大学毕业后的第一年春节，我们一人穿一套新衣回老家结了婚。刚结婚那六年，虽然没条件要孩子，但是我和老公的感情一直处在热恋阶段，婆婆和我们一起住在郑州，我和婆婆很亲。

后来，我怀孕了，反应特别厉害，每天靠输一瓶葡萄糖来提供能量。那天，我输完液回到家已是下午两点多，我无力地靠在卫生间门边，对正在洗衣服的婆婆说："妈，先给我做碗面条吧？"婆婆不理我，只顾埋头洗衣……又过了 5 分钟，我重返卫生间门口，撒娇似的说："妈，我都快饿死了，你先给我做点吃的吧？"婆婆把衣服往地上一扔，怒气冲冲地说："我又不是你的保姆，你让我干什么我就干什么？"我愣了一下，有气无力地说："我没力气跟你吵！你想干嘛干嘛！"我回卧室给老公打电话……没一会儿，老公和他的哥哥、妹妹都来了，听见我老公的妹妹对婆婆说："你辛苦不是为了要孙子吗？"婆婆说："儿子都指望不住，还要啥孙子哩……"我当时忍不住眼泪哗哗地往外流，我到婆婆卧室门口质问她："你刚才怎么说？"婆婆赶紧矢口否认："我没说你……"我把门打开，用手指着婆婆说："你给我滚！从今天起，你不配我再喊你一声妈！你更不配我的孩子喊你一声奶奶……"婆婆和她的儿子、女儿灰溜溜地走了……

那次事件之后，我和老公之间慢慢有了距离，感觉两颗心在慢慢地疏远……直到有一天，我发现了一个天大的秘密：我老公和他的哥哥都带着情人，由小姑子作陪，每天到处吃喝玩乐……我真的气蒙了……给老公打电话："你和你的混账兄妹、情人去逍遥吧！我母女三人现在就给你情人腾位置！"随即关掉手机，我和保姆、孩子们在酒店住了两天，之后我打开手机，老公在电话那头哭得说不出话来，说这两天他快急疯了，报了案并且没黑没夜地找……

我当时对老公说：要么我们离婚，孩子归我；要么你立马与情人及你的姊妹断绝来往，你的爸妈可以孝顺，但我和孩子们想都别想！老公毫不犹豫地选择了后者。

从此，我对老公的兄妹恨得牙痒痒，我更恨我的老公！此事以后，我和老公心理的距离无形中又远了好多。我们之间没话了也没了信任，更没了相互欣赏和尊重，越来越多的是相互指责和伤害！老公在不知不觉中变得脾气暴躁、爱喝酒抽烟了，常常在醉后哭着跟孩子们说："你爸爸活得窝囊啊！你们长大要相互爱护和帮助，并且要孝顺妈妈！"每每听到这样的话，我就会在心里说："不要装可怜，这都是你自作的！"

其实，我对婆家的怨恨并不是最深的，在我心底还有更深的怨恨，这要从我的童年说起……

我6岁时，我的亲爸爸因一次意外去世了。我唯一的亲伯父、伯母经常欺负我妈，他们欺负我妈的画面多年后还经常在我脑海里浮现……我的心中种下了仇恨的种子。

我的妈妈带着4～10岁的四个孩子改嫁给一个比她大15岁的男人，他有一个8岁的养子和一个2岁的养女。

妈妈嫁给后爸后又生了个女儿，妈妈就让正在就读二年级的我回家照看刚出生的小妹……当时家里有七个孩子，妈妈只有拼命地去干活才能养活这一家人，我也尽量帮妈妈带孩子、洗衣服、做饭、喂猪……尽我最大努力去做。我想用这种方式去讨好我的妈妈……但现实很残酷：记得我小妹不到1岁时，有一天我抱着她摔了一跤，小妹哭了，妈妈就把我骂得很凶，说你连个孩子都抱不好，要你干嘛？我一个人跑到房间里哭了好长时间，心里想：我就是一个多余的人，妈妈既然生了我，为什么不爱我？！我彻底绝望了。从那一刻起，我就开始恨我的妈妈……

在我休学四年之后的某一天，我的姐姐要去县银行上班了，就在这一刻我开始思考我自己的事情：你就甘心当一辈子文盲吗？你的姐姐都要去上班了，你就这样在农村待一辈子吗？不！不！不！我不能这样下去了，我要上学！我以后也要去大城市上班！就这样，我向妈妈提出我要马上去上学……在我重返学校至高中毕业，因经济困难妈妈三番五次地要我退学来成全妹妹。为此，我高三那一年几乎都没有回过家，靠姐姐资助上完高三。

高三毕业后，我直接到郑州打工，在一位好心的伯父的资助下，我上了大学。在大学期间我以每月100元工资做家教养活自己。我的姊妹的工作都是我舅给介绍，我大学毕业时回老家求我妈妈，让她给我舅说一下也给我介绍个工作，妈妈一口就回绝了："不可能。"这好像又一次印证了在我妈妈心中，我就是一个多余的人，妈妈既然生了我，为什么处处嫌弃我呢？我恨妈妈，记得小时候有一次妈妈问我："你是不是特别希望我死啊？"我当时嘴里什么也没说，但在心里说：你死了算了，反正你不爱我……

我对妈妈实在爱不起来。

我就是这样带着满满的仇恨走过了33年！我的家庭也是一团混乱。我家常常上演这样的情景：

“咚咚咚、咚咚咚、咚咚咚……”敲门声伴着老公的咆哮声：“开门，我回来了。”我喊孩子们：“爸爸回来了，快去开门……”老公敲了几分钟，没一个孩子去开门，他开始踢门，我赶紧去开。老公一进门就瞪着眼，怒气冲冲地冲到书房对着大女儿吼：“我在外面拼死拼活为你们挣钱，你连门都不给我开？”大女儿哭着跑到自己的卧室把门反锁住了……老公又冲到电视机前把电视机给关了：“看什么看，也不看些有用的，就知道看动画片？为什么不给我开门？”我儿子一下子把遥控器砸到电视机上：“自己的事情自己做，你自己开……”还把茶几上的水杯、餐巾纸都扔掉……抓住什么就扔什么，其中一个水杯正好砸到了二女儿的身上。二女儿一边哭一边拿个塑料凳子就要去砸她的弟弟，老公夺下二女儿手中已经举起的凳子，眼瞪着吼道：“他是你弟弟，你把他打傻了，怎么办？”二女儿“哇”的一声哭起来了……这时，老公抬起脚对着还在扔东西的儿子的屁股踢了过去……我从厨房冲了出来挡住还要继续踢儿子的老公：“你有本事在外面使，回家在老婆、孩子跟前要什么威风？再过15年你再跟儿子打打试试？打孩子是最愚蠢的表现！想打跟我打呀……”老公瞪着眼吼道：“就是你把孩子们教育成这个样子的，我挣再多的钱，孩子教育不好，有什么用啊？与其回到家这样，还不如我在大街上流浪更好……”我反驳：“我教育不好，你教育啊，方法在哪里？以后，你回来了我出去住，你走了，我再回来照看孩子们……”我当时心里想：你以为谁稀罕你回来呀！你不在家就三个孩子闹，你回来了你也闹，不见面时通个电话还不忘记在电话里吵几句，我才受不了你了呢，当时真的感觉度日如年，过日子是一种煎熬……当晚我们都没吃饭，无论怎么喊，大女儿也不理我……老公一直在客厅喝酒抽烟，最后就睡在沙发上……像这样的情景在我们家经常发生。

为改变现状，我到处听教育讲座，苦苦寻找一个能帮我教育好孩子和改造好老公的专家！一个偶然的机会，我听了周虹老师的讲座，突然眼前一亮，当时就被她魅力四射的外表和犀利的话语给吸引了，她不就是我一直苦苦寻觅的的专家吗？她就是我的救世主！我的第一感觉是如果有这样高水平的老师支招，我一定能把老公和孩子改造好的！还能享受每周一次面对面解决问题！我在心里一直默念：一定要进虹汇！我一定行的！但通过微信看到虹汇会员个个美若天仙，个个美得像妖精，好家伙，这又把我吓着了……在之后的 5 个月时间里，我和工作人员约了两次，都因我的不自信而临时退却了……直到 2013 年 11 月 2 号，我终于鼓足勇气下定决心要走进虹汇去试听！

放下仇恨，拥抱幸福

第一次走进虹汇，我非常渴望与我心目中的“女神”周虹老师拥抱一次。整个下午，我一直用羡慕的眼光看着每一个与周虹老师拥抱的美女，心想你们不用太得意，稍后我也会拥有的……可没想到，等到最后我上去讲完了我儿子的异常情况，周虹老师问我：“你家有精神病史吗？”我回答：“没有。”老师又问：“你老公家有精神病史吗？”我答：“没有。”老师说：“下次你来上课时把你的 0—18 岁的经历讲一下，就这样，你下去吧。”当时我真的不想下去，心想：我的女神啊，请你拥抱我一下吧！请你给我传递一些能量吧！我相信只有你才能救我！但眼前的周虹老师对我冷冷的……她的眼神仿佛在质问我：既然你生了三个孩子，既然你把他们带到这个世上，为什么不好好地去爱他们哪？

怎么不好好去教育他们呢？你配做一个妈妈吗？你不配？你更不配得到我的拥抱……

这眼神似曾相识，我想起了3个月前的一幕：当时我的二女儿参加了周虹老师主持的夏令营，去的第一天上午，二女儿大哭不止，谁说都不听，给周虹老师留下了特别深的印象。第三天下午，家长和周虹老师的见面会上，当我们和周虹老师合影时，很多家长都去拥抱周虹，我也走到她面前想拥抱一下，周虹老师用异样的眼光把我逼回来了。那时我从她的眼光听到一个声音："你把自己的孩子教育成这样了，你还来拥抱我？你不配！你不配！"就是这个眼神已经折磨我3个月了！今天又来了……

从虹汇出来之后，一直有两种声音在我的脑海中回响：一种说，周虹有什么了不起的！怀疑我家有精神病史，这分明在说我儿子是精神病吗？我先后两次想拥抱你，你都冷酷无情把我逼退！你不想拥抱我！我还不想拥抱你呢！我不信离了你我还找不到专家了……但同时另一个声音响起：周虹老师就是你一直苦苦寻觅的专家，只有她才能救你！千万不要放弃啊！最后，我下定决心：为了我们全家，我跟定周虹老师了，以后无论她说什么，我都会毫不质疑地去照做的！于是，我开始盼着下次虹汇上课时间的到来！

课堂上，当周虹老师了解了我的成长经历之后说："你是一切的根源！"当我听到这句话时，我愣在那里，心想：好你个周虹，一直跟我过不去！不拥抱我也就算了！怀疑我儿子精神有问题也算了！我今天把你当成菩萨，我把我埋藏在心中34年都没跟任何人说的痛苦经历都讲给你听了，你不但不同情我、安慰我，还这样来打击我！我真想转身走了算了……但转念又一想：我已经交了会费呀，就这样走了岂不可惜？我忍着再听听她往下怎么说吧！

周虹老师说："自从6岁时你爸爸去世之后，你的心就住进了牢笼，把自己锁在牢笼里整整34年了，试问：一个连自己都不会爱的人，你怎么有能力去爱你的家人和亲人呢？你没有这个能力。当你的心中充满恨的时候，你就没有能力去爱，只有放下恨，才能去爱。目前你要做的是怀着一颗感恩的心，去感谢你应该感谢的人！不说别的，你的妈妈给了你生命，你今天才能站在这里！就凭这一点，你就要感恩你的妈妈！你公婆生了你的老公，就凭这一点，你也应该感恩公婆！首先你要做的是去与你妈妈进行爱的连接……"

听完周虹老师的分析，我感觉在理，但心里也质疑：我们一家的事怎么又扯到上一代了？你说得倒轻松，我整整恨了34年了，你说让感恩就能感恩了？你倒感恩一下让我看看呀？能那么容易吗？但又一想，算了，既然已经下定决心听她的，不试怎知道呀！试试吧！试试吧！

随后的几天，我一直在想：万一妈妈生气打我怎么办？万一妈妈就不接受我的感恩怎么办？……无数的质疑涌向大脑，我感到内心充满了冲突和纠结！最后，一个响亮的声音压倒了一切：你不能再犹豫了！你已经恨妈妈34年了！你妈妈还有多少年让你恨呀？如果你不及早跟妈妈和解，万一妈妈患上了老年痴呆症不认识你了，你怎么办？或者妈妈突然离你而去！到那时，你想和妈妈连接都不可能了，后悔也晚了！我也仿佛看到周虹老师微笑着对我说：我相信你！你能行的！我仿佛看到周虹老师主动来拥抱我了！我突然感觉热泪盈眶，感觉有了无穷的力量！

我对自己说，你有责任、有义务主动去化解这种恨！放下自我！蹲在地上仰视妈妈！做到骂不还口！打不还手！一次不行，还有第二次第三次……

2013 年 11 月 11 号上午，送孩子上学后，我给妈妈打了一个电话，妈妈说她感冒了，正在医院输液，我赶紧到医院陪妈妈输完液，然后送她回小妹家。午饭后，几次想开口，可话到嗓子眼又给咽下去了，还是说不出口呀！明明是她一直在对不起我！反而又让我去找她连接？这不公平呀？这时，周虹老师的声音又在耳边响起：妈妈给了你生命，就凭这一点，你就应该感恩妈妈！好吧，豁出去了！最终，我还是拉着妈妈的手说："妈妈，最近大家都在看《爸爸去哪儿》，主要说的是爸爸在孩子的成长道路上陪伴的重要性！妈妈，我们姊妹四个从小就失去了父亲，在成长的道路上缺少爸爸的陪伴，我越来越感觉我们姊妹四个性格是有缺陷的！比如说：我们姊妹四人从小到大都是各顾各，谁也不会去关心爱护其他姊妹，我们从来都不会爱自己！更不会爱亲爱的妈妈你了！妈妈，从小到现在，我一次又一次无意识地伤妈妈的心！那不是我的本意！妈妈，对不起！我现在知道我错了！请你原谅我吧……"说完，我抱着妈妈哭了！妈妈也哭了！妈妈说："傻孩子，你没惹妈妈生气！以前的事，妈妈都不记得了！孩子啊，你不要再自责了！"我哭着继续说："妈妈，真的对不起！我现在真的知道错了，我发自内心向妈妈道歉！请妈妈原谅我！……"妈妈擦着眼泪说："我的傻女儿呀！如果你的孩子惹你生气，你会记她一辈子吗？你不会的，孩子！妈妈早已不记得了！你可不要再内疚了啊！"经过这么一哭一说，我突然感觉内心好受多了，内心憋了 34 年的恨好象有点松了！我已不记得妈妈是否抱过我了，我刚才抱着妈妈的感觉挺好的！我还想抱抱她……我想得找一个借口再抱抱妈妈！想到这里，我对妈妈说："妈妈，外国的心脏病患者如果去医院看病的话，医生都会给病人这样说：'你回去吧！回去每天多抱抱你的亲人！如果你没亲人了，请你养一只宠物，每天多抱抱你的宠物，这样你的心情好了，你的病就好了！'妈妈，你心脏不好，让我多抱抱你！你心情好了，病就好了！”说完，我又紧紧地抱着我的妈妈。妈妈说：“让我也多抱抱我的孩子！”

在这之后，我每天给妈妈打个电话，每周抽一天时间去陪妈妈吃饭、聊天！这样过了 15 天，2013 年 11 月 26 号上午，我开着车听着周虹老师的节目去公司，突然间，我感觉捆绑了我 34 年的那根叫“仇恨”的绳子断了！突然断了！浑身突然感觉到从未有过的轻松！舒服！紧接着感觉浑身充满了能量，心里从未如此轻松！舒服！突然间觉得好像是爱的总阀门被打开了一样：浑身上下充满了爱，驻扎在我体内 34 年的恨一下子被冲刷得无影无踪！我突然感觉对谁都不恨了！心里有的只是满满的爱！我一路笑着享受着这种从来都没有的感觉！真的好幸福啊！

在虹汇，我向周虹老师分享了我的感受之后，老师说：“接下来，你要找合适的机会向老公和孩子道歉！在家要听孩子的！孩子是来引领你成长的！安排一下孩子们放假后全家回老家向公公、婆婆感恩！”我按照周虹老师说的去做，已经尝到甜头了，这次我会毫不犹豫地坚决执行！

有一天，我在公司里看到老公心情不错，就凑上前去说：“下次孩子们放假了，你安排好时间，我们全家回老家看看你的爸爸、妈妈！我也看看公公婆婆！让孩子也看看他们的爷爷、奶奶！”老公听完抬起头来满脸质疑看着我问：“你没生病吧？”我回答：“没有，我现在想通了，我对谁都不恨了！我现在浑身上下都充满了爱！对不起！我为我以前的行为向你道歉！请你原谅我吧！我以后会好好爱你和你的亲人的！你给你的哥哥和妹妹打个电话，让他们有时间来家聚聚，让孩子们知道还有一个伯父和一个姑姑！”我说完，老公就一句：“我看你病得还不轻呢！”我笑着说：“信不信由你，我会用实际行动让你相信的！”

我当时心想：我这么多年一直生活在恨中，不知道爱自己，更不知道爱老公，我自己把老公逼到外面了，我还恨他和他的家人！老公也被我折磨得够呛了！幸亏我遇见了周虹老师，否则我会怀着恨过一辈子的！到走时我也不会闭上眼的……想想真的很后怕呀！现在，老公怎么都不相信我，这是正常的，我要用行动去让老公相信我真的变了！

2014年春节，孩子们放假了，我和孩子们去商场给他们的爷爷、奶奶买礼品，孩子们也用自己的零花钱给没见过面的爷爷、奶奶准备礼品！在这期间，孩子们也在问我："我们为什么一直没有见过爷爷、奶奶呀？"我告诉孩子们："妈妈以前不知道怎样去爱自己和爱他人，现在妈妈知道了！妈妈向你们和爷爷、奶奶道歉！妈妈以后会弥补的！孩子们，给妈妈知错改正的机会，好吗？"孩子们异口同声说："给妈妈机会，妈妈是个好妈妈！"我激动地眼泪哗哗地流："宝贝们，妈妈以前也一直不知道怎样爱你们，我经常骂你们甚至有时还动手打你们，妈妈错了！妈妈真诚地向你们道歉！也请你们原谅妈妈吧！妈妈以后都听你们的！如果不行，你们也打妈妈几下解解气吧？"说得这三个宝贝眼泪都流出来了："妈妈是好妈妈，我们不打妈妈……"我抱着孩子们哭了好一会儿，暗下决心：为了懂事的孩子，我也要尽快用行动跟老公冰释前嫌！在孩子们放寒假的第三天，我问老公："你安排我们几号回老家呀？"老公用半信半疑的眼神看着我，反问："你说的是真的吗？我们真的回家？"我坚定地点点头："真的，孩子们都用自己的零花钱给爷爷、奶奶准备了礼物！我也给爸、妈买了礼物！就等你了！"老公听我说完，眼睛就红了："7年了，一直是我一个人回去看爸、妈，村里人都怀疑我离婚了，这下可好了，他们再也不会说了！我原来是多么潇洒一个小伙子，让你这几年给糟蹋得不像样了。"

第二天，老公就安排回老家，在回家的路上我想：7年都没回家了，公婆见我会生我的气吗？我应该怎样去和公婆沟通呢？再一想：人都是感情动物，我跟我妈妈34年的恨都化解了，这7年又算得了什么？我用对妈妈的态度和诚心去对待公婆，我相信能行的，就是不行也不灰心，一次不行，两次……

到家之后，公婆早已在大门口迎接！看见三个孙子，激动得直抹泪……中午吃饭时，我端起酒杯先自罚一杯："爸爸、妈妈，我首先向二老道歉，7年来我没带着孩子们回来看望您二老，我真诚向二老道歉！我知道错了，请你们原谅我的无知！从今以后，我们全家会经常回来看望二老的！其次，我要感谢二老生了这么好的一个儿子！我才得以有这么好的一个老公！孩子们才能有这么好的一个爸爸！再次谢谢爸爸、妈妈！另外，从今以后我向二老保证：我会把孩子们的伯父和姑姑当成我的亲哥哥和亲妹妹一样看待，我不但要使小家庭和谐，还要使我们的大家庭和谐！请爸、妈放心吧！最后祝二老新年快乐！身体健康！万事皆好！"当我说完时，公婆流着泪说："这样好！这样好！"吃过饭，我们在院子里说话，我对婆婆说："您的血压一直高，让孩子们多抱抱您，您心情好了，血压就不高了！"说完，我对孩子们说："宝贝们，都过来抱抱你们的爷爷、奶奶，这样爷爷、奶奶心情好了就不生病了！"我的话音刚落，孩子们都跑过来争着拥抱爷爷、奶奶，爷爷、奶奶高兴得合不拢嘴！孩子们抱过之后，我随即说："宝贝们都拥抱了爷爷、奶奶，让我也抱一个，这样二老就不生病了！"说完，我也拥抱了公婆！婆婆高兴地一直说："抱抱高兴了，不生病……"整个过程，老公一直在一旁看着笑着！在我们走的时候，婆婆哽咽得说不出话来……

就在那一刻，仿佛有一个声音在说：你怎么能够隔断祖孙7年的感情呢？你罪孽深重呀！以后好好赎罪吧你！我想我会加倍补偿的！我当时真的感到无地自容……

见过公婆之后，周虹老师对我说：“伤害你的人都是来度你的，要一一去感恩。”现在，周虹老师指到哪里，我就“打”到哪里！2014年春节期间，我还回老家看望了自己恨了34年的亲伯父和伯母；也是在这个春节，我宴请了爸爸、妈妈、姐姐、哥哥、两个妹妹；也是在这个春节，我把21年没见面的妹妹（后爸的养女）接到我家住了一天；也是在这个春节，我见了16年没有见面的义妹；也是在这个春节，我邀请7年没见面的孩子的姑姑来家！在与上述这些人见面时，我都做到：首先向对方道歉！请对方原谅我过去的无知！然后一一拥抱每一个人！

对于已过世的两位恩人，我会时时想起，我问周虹老师怎么办？周虹老师让我祭拜并告别。我按照周虹老师的要求在2014年暑假回到老家，给每位恩人烧纸，磕三个头，跟他们说了我的心里话，以此做为告别！

在2014年放暑假前，周虹老师说：“你趁放假期间带着孩子们去和爷爷、奶奶、外婆多相处，把这么多年中断的爱好好地补偿补偿！”

所以，暑假刚开始，我就主动对老公说：“这个假期孩子们就交给我了，你就安心地挣钱去吧！”以前回老家都是老公开车带着我们全家，这次我自己开车带着孩子们回去，在家乡住了二十几天。孩子们跟着外公、外婆摘野菜，跟着爷爷、奶奶去田地里拔花生、掰玉米、刨红薯……这个假期，孩子们欢快的笑声总是回荡在家乡的田野、山岗……老公对我这一做法打心眼儿里赞成！还夸我好多次呢！

在虹汇，周虹老师总是说“开发心语胜过千言万语”，在和另一半沟通、交流的时候，不一定要用语言，很多时候，肢体语言更能传情达意，表达真实想法。通过《肢体语言示爱》课程的系统训练，我从容地把学的“高招”运用到老公身上：晚饭后，我会主动给老公做头部养发保健按摩：先用养发中药水贴着老公头皮轻轻涂一层，双手给老公头部轻轻按摩10分钟,然后敲打头顶,由头顶部位顺时针扩散按摩头部的每一寸肌肤！有时我用按摩梳子给老公按摩完之后,换成刮痧板给老公头部再刮痧半小时,老公在这样的呵护下,微闭双眼,完全沉浸在享受状态之中……

因老公经常开车,颈部、肩部、背部会难受,保健养发按摩完,接着就是颈、肩、背部刮痧,直到刮遍颈、肩、背的每一寸肌肤为止……

每天晚上,我都用蜂蜜水按摩老公的足部。用蜂蜜水轻轻地、按摩他足部的每一寸肌肤,大约30分钟后,用薄薄的一层保鲜膜将脚包裹好,再用浴巾把双脚包起来,让蜂蜜充分被足部的每一寸肌肤完全吸收。半小时后,再用热毛巾把双脚清洗干净,每当这时,老公早已酣然入睡了……

坚持了一段时间后,老公几十年的脚臭气味不知不觉消失了！

我还给老公做面部按摩。按摩完之后用温毛巾清洗干净,再涂上免洗面膜膏……老公开玩笑说:你这样伺候着是想让我返老还童吗?

有一次,我给老公做足部刮痧,大女儿给爸爸做头部养发保健按摩,二女儿和小儿子轮流给爸爸颈、肩、背做刮痧,老公笑着问:“我这是什么待遇啊?”大女儿答:“超级VIP!”老公笑后接着说:“这么幸福地享受着,我是哪里也不想去了,我要是出差,让你妈妈跟着我……”

说心里话,为老公服务,我很开心,也很享受这种状态!

在这样和谐、幸福的家庭气氛下,不知道什么时候老公的酒和烟不见了,全戒掉了。其实我是支持老公适量饮酒的,有一次我对老公说:“抽烟、饮酒就是你释放压力的方法。抽烟对身体影响太大了,你戒了,我很高兴,但适量饮白酒能活血,适量饮用保健酒能提高免疫力,你可以选择留一种爱好释放你的压力和情绪……”老公感叹说:“现在每天回来被从头伺候到脚,我还有什么压力和情绪呢？有的只是享受和幸福……”

今年的七夕节，老公特意要陪我度过。那天，孩子们都在老家陪伴爷爷、奶奶，我和老公在郑州。白天，我一直在外面办事，夜幕快降临时，老公特意打电话让我回家。推开家门映入眼帘的是：餐桌上摆满了我最爱吃的菜，还放了好多支点燃的带有“囍”字的大红蜡烛，还放着我平时最爱喝的自酿玫瑰香葡萄酒。

这时，柔美的歌声送入耳中，是我最爱听的邓丽君的《美酒加咖啡》。又闻到一股股花香扑面而来……我被眼前的一切惊呆了，这样的画面以前只在电视剧里才见到过，怎么可能发生在我家呢？我以为自己在做梦，就使劲用右手拧了大腿一下，哎呀！疼！不是梦。那应该是自己走错门了吧？正想转身出去呢，屋里传来了老公的声音：“亲不溜溜的亲，你一直梦想我们拥有浪漫的生活！我们结婚时的洞房花烛夜太寒酸了！我一直欠你一个温馨、浪漫的新婚之夜！今天我来给你补上吧！自从我们相识相爱，23 年来我都没有好好陪你过个七夕情人节，从今年开始，以后每年的七夕节我都要陪你过。亲爱的，看看满意吗？”这时，我的眼眶早已满含感动、幸福、激动的泪水！我下意识地飞奔过去扑到老公怀里：“谢谢！亲爱的，我太感动了！”

七夕之夜，我仿佛收到了来自“牛郎”“织女”的祝福，和爱人陶醉在浪漫、温馨的氛围中，如痴如醉，不知今夕何夕，仿佛这个世界只有我和他……当老公把我抱到卧室轻轻放在床上时，我又一次震惊了：只见卧室也点着红蜡烛，并且满床满地都是红色的玫瑰花，我枕在老公的胳膊上，紧紧地抱着我的老公，深情地痴痴地看着我爱了 23 年的老公。面前这位极品男人，我有缘和他相识、相知、相爱，但我从来没有像现在这么深入骨髓地爱他！这么珍惜他！我突然意识到：他就是我的无价之宝啊！我竟然差一点就把他扔了！毁了！想到这儿，我忍不住在心爱的老公脸上亲了又亲……并暗下决心：再也不当不懂事的女人，修好“女人格”，“执子之手，与子偕老”！

周虹老师点评

没有一个人在双手紧握仇恨的同时能握住幸福！

无论父母带给你什么样的生活，曾经对你有多大的伤害，他们仍然是父母。父母也是受伤害的孩子。你的生命是父母给予的，你也只能通过他们来到这个世界。仅此，感恩并且接纳父母的给予，怀着敬畏之心看父母，主动与父母和解，生命开启伤痛疗愈活动，浴火重生。

我们无法选择父母，但是可以选择与父母活得不一样。放下“恨”，即刻拥有“爱”，有爱才能给予丈夫、孩子爱……

活得好，才是对父母最大的孝顺。

单亲妈妈的幸福

离婚让我痛不欲生、形容枯槁

深夜，宝贝睡熟了，我起床到另外一个房间，泪如泉涌，抱着被子失声痛哭，终于对自己下了狠手：第三次，拿起刀片，伸向了美丽的身体。看着左手腕隐隐约约的血丝，感觉黑暗正向我袭来……

是的，我离婚了。看着离婚证，我都不相信这是真的。我怎么会离婚呢？日子怎么就过成这样了呢？

白天，我要上班，打起精神勉强支撑。不能提起离婚这事，一提眼泪就哗哗地流，甚至会躲在办公楼的楼梯间失声痛哭。不能闲下来，一闲下来就禁不住会流泪。这段时间终于明白了人们为什么说女人是水做的了，那眼泪怎么就流不完呢？想来就来，随时可以泪流成河、梨花带雨。

晚上，孩子睡觉后，我把自己关在卫生间里，坐在马桶上，大声痛哭。除了哭，不知道还能干什么，或是用画数字画来麻痹自己，经常彻夜不眠。

慢慢地，我反应过来了。这是真的。我离婚了，还一个人带着孩子，而且是个男孩，以后我该怎么过日子？脑海中不时涌现电视上、周围人离婚的案例，带孩子的单身女人，生活艰难，再嫁不易。男孩应该让父亲带……我纠结、迷茫、没有方向了，怎么办？这个孩子，我要不要？要，我无力承担。不要，我是个母亲。我是继续生活，还是选择死亡？生，我无法承受这份痛苦和无助，无法面对现实；死，孩子就没有了妈妈。怎么办？怎么办？谁来告诉我，我该怎么办？我就这样一直活在过去的痛苦里，活在对未来的恐惧里。

我也想过要报复这个男人。我想过要去他的办公室大闹，我要让大家都看清他是一个什么样的人！我要在网上写我的故事，把他的行径公之于众！但是最终我什么也没有做！我是这么委屈、这么不甘心啊。8 年啊，女人一生能有几个 8 年？他为什么这样对我？他说"糟糠之妻不下堂"，我们从一无所有到现在的小康生活，患难夫妻啊，生活富足了，他就抛弃我了。怎么可能说分开就分开了呢？这几年都是我在付出，我在养家，生活条件刚刚好转，他就朝三暮四，抛弃原配？为什么？这个人道德品质怎么这样败坏？这么多年，我辛苦养家，给他做坚强后盾，他翅膀硬了，就飞了。

没良心的男人！——这是我当时内心深处的呐喊！

我的整颗心在宇宙中飘来飘去，游离于生活。

对照了报纸上罗列的抑郁症症状，我自我诊断——重度抑郁。

无意中听到一个词"自爱"，于是逢人便问："什么是自爱，怎么爱自己？"

至于孩子，我无暇顾及。他不想去幼儿园、不愿和人沟通交流。我也不知道该怎么办？不知道该怎样当一个妈妈。

偶然的机会，经邻居朋友推荐，听了周虹老师的一次课程。简直惊呆了！原来女人可以这样集美丽、智慧、性感、妖娆、妩媚于一身！原来电影、电视中的场景，现实生活中是存在的。我觉得周虹老师就是我冥冥之中一直在寻找的那个人，于是我走进了老师的私人朋友圈子——虹汇。

运动唤醒麻木的心

虹汇课上，老师当头一棒，给我来了个“大手术”：用“形容枯槁”四个字来形容我。我回去查了一下，“形容枯槁”的意思是：身体瘦弱、精神萎靡、面色枯黄，好似枯萎的树干。

老天！形容枯槁呀！我有这么惨吗?!

我知道自己表情严肃、死板，不会笑。其实，我也照过镜子，练习露8颗牙笑。但是，笑得真叫难看。皮笑肉不笑，大概就是这个样子了。

起初，老师说我，我心里还是有抵触的。扪心自问，我外表还过得去啊，衣着也还算合体。整体形象还过得去啊，怎么就枯萎了呢？只是不会笑而已嘛。

当时，周虹老师说：“当一个女人面无表情、形容枯槁、毫无生机的时候，她就像一棵没有枝叶、没有花朵和果实的树一样，没有任何魅力可言。但当你找到绽放生命色彩的办法，让快乐和激情燃烧的时候，你就会变成一棵郁郁葱葱、充满生命和光彩的参天大树，吸引众人的目光。像你这样的性格，只有运动才能改变你，在运动中学会了大喊，学会跳得很高，你会发现，你开始解风情了，你会自己去找一条路成为一个有魅力的女人，而不是一个青涩的小女孩。”

万般无奈，我办了健身卡开始运动。刚开始还能保证一周一次，慢慢地变成了一月一次，再后来就几乎不去了。我也着急啊，每次一到虹汇，就觉得欠老师的，甚至有些时候不敢去，经常被那种想见老师但又怕被老师批评的情绪缠绕。心里经常想着要去健身了，但实际上根本不去执行。时常是心里想着这次一定要去，一定要去，但身体懒懒的，动不了。要么因为这样那样的事情去不了。

于是，向老师请教。同时向老师请教另外一个问题：宝贝要上小铃铛节目，我要求幼儿园的老师配合我，让宝贝在幼儿园多锻炼，但是幼儿园的老师根本就不理我，并且像往常一样威胁宝贝："再哭，就不让你妈妈来接你。"

老师给我的解答是："娘是孩子的命。母亲是人类的底线。你就是你们家宝贝的命，他将来怎么样，就看你了。不要把教育的责任推给学校，推给老师。但凡出了问题，要向内找原因。"顿时，我泪眼朦胧，内心似乎被触动了。我要改变！从此，宝贝有任何我认为有问题的或是让我愤怒的行为和语言时，我首先反思，我怎么了？宝贝是我的镜子，他照出了我的什么问题。

从此，明白了我是一切的根源。

为了改变、为了宝贝，我必须要运动了。为了让我的运动能够坚持，我把运动场所转移到了离我住所最近的但是费用相对较高的健身房。问题却又来了！上瑜伽课，别人大汗淋漓，我浑身轻松，丝毫感觉不到老师说的拉伸的痛。往往别人的一个动作还没做完，我早早地结束了动作开始等待，并且心不知道飘到哪里了，感觉不到瑜伽的静以及身心合一。

但是，我在微信朋友圈发了我坚持运动的消息啊，不能丢人，坚持吧。

终于，我开始享受运动了。我上游泳课程，感受挑战身体的极致舒展；上塑形课程，感受身体的忍耐与力量；我快跑，感受挑战身体极限带来的酣畅淋漓；练瑜伽，感受身体被拉伸的痛、放松和愉悦；练肚皮舞，拆分身体的每个部位；练尊巴，感受女人的柔美。

当然中间会有偷懒的时候，老师说，偶尔偷懒一次也可以，或是用散步、发呆、陪孩子疯玩以及其他一些方式代替也可以。于是，每周定时定点的运动，我坚持了下来。

其实在运动坚持半个月的时候我就尝到了甜头，我觉得浑身每个细胞都是崭新的、快乐的。姐妹们都说我变了，脸上的笑容多了，梓琪姐说我的心开花了，周虹老师说我开始绽放了。好开心啊！

运动代替了悲情，带来了身心的愉悦、内心的宁静，慢慢地我找回了迷失的自己。知道了我自己想要什么，对运动上瘾了，对做一个好妈妈上瘾。放下了怨恨、期待、要求、奢望。老师说控制了身体，就控制了自己的情绪。我体验到了，运动也作为我的一个好习惯延续了下来。一到点，双脚就会带着我去健身房。

进入虹汇，老师布置的第一项作业就是清理。老师说，你的房间就是你自己。于是，我用了两个月的时间，把家里里外外翻了个底朝天，进行了360度无死角的重新整理。

该扔的扔，该送人的送人，我发现有很多东西甚至已存放了8年以上，经过几番挣扎、几番整理，随着一包包东西往外搬，心里慢慢地放下一些东西，敞亮了，轻松了，有序了。

然后，我把自己要做而没有做的事情，心里放不下的、纠结的事情，列了个清单出来，给自己设定了期限，做完一件划掉一件，老师说生活就是减法，要不断地给自己减压。

每天早上起来，先收拾自己，让自己赏心悦目，出门之前，打扫居室，和宝贝一起将家里的每一个物件都放在它们自己的位置上。

每天晚上，无论多累，宝贝睡后，我都要做老师用心为我们制作的爱与和解的家排，感恩父母，与父母和家族连接。清除心理垃圾，拥有感恩心、谦卑心、敬畏心。

即时、及时清理，不拖延。喜悦就在每次的清理之后。

2014年6月，宝贝5岁生日时，在上海的商场喜欢上了奥特曼玩具。宝贝自己提出来，买这个玩具，回家后就跟我分床睡觉。我提出分床两周后，才能拆包装。宝贝同意。但是当天晚上，宝贝就要求打开玩具。我只是平静地看着他："宝贝，你觉得呢？"宝贝说："不能。"于是第一次就这么平静地过去了。

回到家后，三番四次，宝贝又提出了打开玩具的要求。我还是平静地看着他。宝贝见我没反应，便软磨硬泡，使出了十八般本领：哭、闹、耍赖……总之就是要打开玩具。闹了半个小时，我有点不淡定了，于是赶紧提醒自己淡定、淡定。结果，我发现了一个有趣的现象：他在观察我，并且他知道自己不对。于是，我趁机转移他的注意力："宝贝，可以看动画片了。"只见宝贝拿起遥控器，打开电视……

宝贝也是受益者。我的情绪愉悦、稳定，信任宝贝，不干涉他，不指责他。于是，宝贝变得独立自主、自信、回归自己，越来越像男子汉。

健身房里，从进门领取手牌开始，穿过迷宫般的健身房，换衣服，到我们约好的地点集合，4岁多的宝贝能独立完成，并且现在的集合地点都是宝贝来定。

我在运动着挥洒汗水时，宝贝会自主安排时间，看书、玩玩具、打拳、交朋友、泡温泉、打水仗、吃水果、看动画、游泳……

宝贝自己去玩时会告诉我："妈妈，我去游泳了啊，我去男宾了啊……"当我扭头去看他时，他已经跑远了。每次看到宝贝坚毅的小背影，我都禁不住动容，这是我家的小男子汉，我可以做得再好点。

2014年8月，我跟周虹老师一起去马尔代夫旅游，老师"狠狠地"表扬了我，我好开心啊。因为我完全承担起了母亲的角色，宝贝回归了他这个年龄应该有的童真。他疯狂地玩，简单而纯粹。

我发现我会爱孩子了。爱他所爱，懂他所想，给孩子他需要的爱，悦纳、鼓励、认可孩子。

还记得在医院，孩子刚出生，月嫂把孩子给我让我喂奶，对宝贝说了句："找你妈吃奶去。"我当时茫然无措，不敢相信这就是我的孩子。除了小心翼翼地抱着他，不知道还能给孩子什么，不知道怎么去爱孩子。随着孩子一天天地长大，更不知道我该怎样去养育他。他是这么可爱的小天使，我却只是静静地站在一边，静静地看着，不知道该怎么做。孩子两岁时叫我"妈妈"，我还不好意思答应。

老师让我们拥抱、亲吻孩子，并对孩子说"我爱你"。刚开始我感觉很生硬，说不出来。有一天，宝贝站在我的脚背上，我俩伴着歌声散步，宝贝抱着我很自然地说："妈妈，我爱你！我喜欢这样的妈妈。"那一刻，我欣喜若狂，隐约懂得了爱是什么。宝贝的一个眼神、一个动作，我懂他需要什么。

只要宝贝想见爸爸，我随时无条件支持，父亲节时还鼓励宝贝给爸爸送上祝福。

慢慢地，我发现我也更加爱自己了。

我报名上了形象课程，通过学习知道了适合自己的色彩和风格。不再把不适合自己的衣服往身上穿，也不再买不适合自己的衣服。每天对着镜子练习笑容，鼓励自己、赞美自己。终于有一天我发现，我的身体的每个部位都很美，我彻底地爱上了自己的身体！爱上了自己！我接纳我的不完美。我喜欢做女人！我是个赏心悦目的女人！

老师说，女人在爱孩子和老公之前，活好自己首当其冲。我做到了。

在老师的点拨下，我终于知道了前夫为什么选择离开了。

在那段婚姻中，他做了一个好丈夫所能做的一切——为我做饭、洗衣，容忍任性的我，不管多累都从一楼背我上五楼，为我讲睡前故事,为我剪指甲,蹲下为我系鞋带……

可是我觉得这一切都是理所当然,是他该为我做的。

有了孩子后,每天半夜起来为孩子冲奶粉,为孩子的第一声“爸爸”欣喜若狂,为孩子的每一次成长惊喜……

这一切,我视而不见。

他为我和孩子写文章,别人看了很感动,我却认为他虚荣;他为我吹口琴,我的背贴着他的背,却没有任何感觉;他7年如一日接送我上下班,我只是享受着,有时会问他:“你怎么会如此坚持,不烦吗?”

他送我花、生日礼物,我觉得他是做给别人看的……

我吝啬于付出,坐享其成,甚至伸手要爱,却又不知道自己到底要的是什么,不知道怎样改变自己,也不愿意去改变自己。浑浑噩噩地生活,对一切毫无感知,我不知道他的好,看不到他的好,不懂他的辛苦。

我是如此的麻木!

记得周虹老师曾经不止一次对我说:“麻木是你的死穴,麻木是婚姻和爱情的死穴。就像两个人一起在球场上打球,一个人不停地发球,而另一个人就是不接球。终于有一天,总发球的人累了,离开了。离开了很久,不接球的那个人才反应过来,哦,他离开了,但是,晚了!”

我终于懂了他的伤心、他的绝望。

这么多年,我误读了他!他是爱我的,而我一直认为他不爱我。他具备了老师说的优秀男人的品质:生活从容不迫,事业游刃有余,性格幽默温和。是我的“麻木”把他逼出了家门,硬生生地把他推给了别人。他是个好男人,而我却看不到,看不到他的好,不珍惜。

离婚是我提出来的,责任真的在我自己。那时的我真的配不上他,这是我一直不愿意承认的。他一直在飞速成长,而我一直停止不前。我们的沟通不在一个频率上，我跟不上他的步伐。所以我一直恐慌，怕失去他，甚至无理取闹，霸道、不尊重他，把男人的自尊踩在脚下。我把自己在原生家庭对爸爸的不满统统发泄到他的身上，像长辈一样对他横加指责、唠叨、挑剔。看不到他的优势，我以为挑他的毛病是为他好，却不知自己已经不在妻子、妈妈的位置上。

我以为我比别人做得好，别人都需要我，离不开我。我的生活里，客户和工作至上，家人、朋友第二，接下来才是他和孩子，我的生活里没有我自己。我把自己弄丢了。

迷失了自我的女人，怎能爱好男人和孩子?！我真的知道自己错了。

现在对前夫，我只想说:“谢谢你这么多年一直包容我、忍让我。你受苦了！我尊重我们的这段婚姻，谢谢你的离开，让我幡然醒悟，开始学习成长，拥有全新的自己。”

由于积怨已深，这些话语仅说一次，显然真诚不够。于是，我把前夫的照片置于高处，对着照片深深鞠躬，或是盘腿打坐仰视照片，练习我的恭敬心、感恩心、谦卑心。慢慢地，心中不再有怨恨。在心里，我真诚地告诉他:我不恨你了，我要去过我的幸福生活了，祝你幸福！从此，与他断开连接。

也终于明白，恨是另外一种爱的方式。我们不是仇人，我不恨他了。放过他，也就放过自己了。

我还有孩子，我衷心地祝福他过得好。他好，他就会对孩子好。我们虽然分开了，但是对孩子的爱始终如一，爱依然流动，孩子依然拥有幸福的生活模式。

我彻底放下对前夫的怨恨之后，惊喜就接二连三地来了。

在我坚持运动3个月左右的时候，有一天，我去幼儿园接宝贝。

宝贝第一句话就问:"爸爸怎么没来啊?我想让爸爸来接。"

宝贝爸爸呢,则是一有时间就来接。哪怕是只和儿子相处一个晚上的时间。

一次,前夫来接宝贝。临走的时候,宝贝又折回来,主动和我拥抱、道别,那一刻我心里好温暖。我觉得为了他,我可以做得再好一点。只因为他的幸福在我手里。

现在我能够真切地感受到爱在我、宝贝、前夫之间流动。一到周五,宝贝就会问:"今天是不是爸爸来接?"

周虹老师曾经对我说:"妈妈折腾,孩子也折腾,他到爸爸那里后,也折腾爸爸。爸爸就会害怕见孩子。宝贝带着妈妈的爱走向爸爸,爸爸也很开心。于是,他们父子之间就会互相尊重,互相接纳,两个生命真正连接起来,有了爱的连接。一个人只有尊重自己的父母,爱自己的父母,才会拥有幸福的生活。一个女人只有尊重、接纳自己的母亲,她才会成为一个好母亲。一个男人只有尊重、爱自己的母亲,他才会尊重女人。一个男人不尊重自己的父亲,整个人生都会被颠覆。"感谢我生命中的"贵人"——周虹老师,现在我的生活终于进入了良性循环!

仇恨、怨恨只会蒙蔽我们的双眼,让我们看不到美好。我是母亲,我会加倍地活好自己,也惟有活好自己,才会给孩子一个榜样、一种幸福的生活模式,让他和爸爸更爱对方,让他拥有幸福、快乐的能力。

有一天,我在健身房门口的卡座上坐下来。抬起头,扬起脖子,深深地吐气,忽然发现,好美的天空!从此,我的生活更多了一份美好,多了一双发现美的眼睛、一颗发现美的玲珑心。

周虹老师说——爱是优化生命的过程。

2014 年冬天,周虹老师为我做了家排,内容是关于死亡的恐惧。这是我最后的心结,我要与去世的亲人和解,带着勇气和祖辈的爱上路。

如今，我已经不是过去的我了，现在的我美丽大方、优雅智慧、性感魅惑。生命由内而外散发正能量，笑容自心底绽放，笑意自心底荡漾，拥有成功、健康、幸福的家庭文化。不会轻视生命，也不会再重复过去的惯性伤害了。我懂我自己了，知道自己要的是什么了，也懂男人，懂两性关系了。我想我已经做好准备，可以进入下一段两性关系了。因为我真的懂了，婚姻不仅需要经营，更需要提升。我想，学习、成长会持续地伴随我一生。

周虹老师点评

一些家族代代麻木冰冷，不能够与他人有良好亲密接触。其实，家族成员在集体无意识里忠诚于祖辈对苦难的认同，而且牵挂非正常逝去的亲人，无力关注身边爱人和孩子，甚至认为拥有快乐、幸福是对逝者的不恭敬，只有生活在疾病和不幸中才对得起逝去的亲人。

女人孕育生命，责任重大，要承担起改变家族命运的使命，与悲情文化真正告别，逝者安息，生者康健。

唤醒女人将爱与健康的家庭文化传承下去的人往往是男人和孩子，他们是女人生命中的贵人，他们不停折腾、弄出事端，方式有时很残酷，最终目的是让女人活好此生。

以优势为主线生活

身在福中不知福

时光如梭，我与老公的婚姻风风雨雨共同走过了17个年头，如今有了两个活泼、可爱的女儿。

我和老公从小是在一个院子里长大的，也算是青梅竹马、两小无猜，但我们的结合也是经历过千难万险，历经8年抗争才最终走到一起的，所以两个人相互珍惜，即使因我不懂事，要小脾气、赌气什么的，老公也包容并一次一次原谅我。常言说“身在福中不知福”，我不但没有感谢老公对我的大度与宽容，反而随着年龄的增长，坏脾气也急剧增长：不满老公的工作作风，不满孩子学习不认真、拖拉。尤其是生了小女儿之后，脾气越来越急躁，没有耐心，爱唠叨、挑剔、抱怨、指责……同时，我把时间、精力都放在了两个孩子身上，一切都围着两个孩子转，随之也就没有了自我，对老公我也没有了以往的关心与体贴，不知不觉把老公冷落到了一边……

直到有一天，无意中看到刚出差回来的老公手机中有暧昧短信，我顿时感到手脚冰冷、浑身无力，不敢相信更不愿相信这是老公的手机发出的，再揉眼细看，没错，是我的老公发出的。

茶饭不思，只想在床上傻傻躺着，但是孩子无人照看……

我痛苦到了极点，也无助到了极点，因为无人诉说，我只好拼命去找书、看书。在报纸上看到有亲密关系工作坊、沙龙，我就去参加，但是效果不佳。于是，我俩不断争吵、不断冷战，这使我越发烦躁，爱发脾气，在这种情况下，我与女儿的关系也越来越糟糕。

当我改变了，我的整个世界都会改变

就是在这种情况下，经朋友介绍，我去听了一节周虹老师的公开课，听课当天就被周虹老师优雅的气质和她的智慧、幽默、风趣所打动，当场报名加入周虹老师“为人父母必修十堂课”的学习，每月一天课。一年多的学习，听课时兴奋、激动不已，但是回到家后仍是“心动身不动”，自己的执行能力太差，脾气暴躁的坏毛病没有改变，情绪控制不好。两个孩子也情绪不稳，爱发脾气，两人时常处于对立状态，相互攻击对方。我和老公的关系也是不冷不热，我走不进他的内心世界，对他的所思、所想，我都无从了解，这时的我们也成了“最熟悉的陌生人”。我更加烦躁，感觉像要窒息了一样……我不想再这样稀里糊涂地过日子了。

我要改变，我要成长！带着这样一个强烈的信念，我下定决心更进一步地靠近周虹老师，勇敢加入她的特殊工作团队——虹汇。

在虹汇，与平时听讲座不一样，不只要听，还要求每个人带着上周问题来带着答案走。第一次去参加虹汇活动，我向周虹老师介绍自己听完“为人父母必修十堂课”但还是个“问题女人”，周虹老师坏笑着说：“噢，那我今天可要戴上眼镜好好看看你。”说着，她真的戴上眼镜从座椅上起来边打量边走向我。围着我看了一圈说：“一个连自己都不会爱的女人怎会爱家人呢？”然后又把手盖在我的额头上说：“大家看，这样一盖，是不是像个男人？没有女人的线条啊。你呀，回去真应该好好感谢你的先生娶了你，还与你养了两个孩子！”

当晚，我一直惊叹她好厉害，一眼就看出了我不会穿衣打扮，惰性十足。但说我长得不像女人，像男人？我心里十分抗拒！

第二次课程，周虹老师让我讲我0—18岁的经历，当场下定论：“丽丽，你是个重男轻女的女人，是个重男轻女的妈妈。”

听到“重男轻女”这四个字，我当时就傻眼了，怎么可能呢？我是很喜欢女孩子的呀？即使在婚后怀孕的日子里，我和老公在讨论生男生女生的事情（老公两个哥哥家都是男孩），我们意见也是一致的：喜欢女孩、想要女孩。难道我口是心非？

周虹老师看出了我的疑惑，为我耐心地分析我的原生家庭。确实，我的妈妈也和中国多数妈妈一样，是一位传统的重男轻女的妈妈。而我现在的一切外在表现：爱批评指责，受埋怨、唠叨，急躁，经常对两个女儿发火，这些都是传承母亲对自己女性角色不认可的特点，对自己及两个女儿的女性角色表现出否定、不接纳，甚至不接纳自己的长相，外貌上也都无形地在发生着变化，越来越不像个女人。后来，我发现在虹汇我不是唯一的，还有很多长相男性化的姐妹。

活了这么多年，我才明白潜意识真正掌控我们的生活，也才突然明白在虹汇为何周虹老师主要不是听我们说什么而是重点观察我们都做了什么。

“病情”“病因”找到了，接下来该“开方拿药”了，周虹老师针对我布置了作业：输入新的人生运转程序。让自己成为一个以优势为主线生活的人，每天坚持发现孩子、老公的优势，并且发在微信朋友圈里，请大家点评。针对我的懒惰，专门有“纪委”监督检查，一天不发，罚款100元。妈呀！动真格的啦！

刚开始找优势，那叫一个痛苦啊，每天都擦亮眼睛，费劲心思去找他们的优势，那段时间，我夜里 12 点前没睡过觉。感觉日子太难熬了……有几次，实在想想这一天都很平淡，没什么优势内容，想要放弃。

虹汇是个温暖的大家庭，期间得到周虹老师及虹汇姐妹的鼓励与支持。就这样，咬牙坚持逼着自己每天用心、再多用心去观察孩子们的日常行为，还是能找到孩子们的优势部分的，孩子们是那么的懂事、体贴、心灵手巧。

当我这样坚持逼着自己每天用心去观察、陪伴孩子并享受和孩子在一起的每段时光时，惊喜不断出现。后来，发现孩子的优势变得易如反掌，并且我还能一口气列出孩子的三四个优势来，并逐渐真的养成了以优势为主线生活的习惯。在生活中，我更多看到的是孩子们的进步和变化，认真并用心地只去关注她们做得好的部分，忽略其他部分。我的眼里看到的都是孩子们的优点，我现在给予她们更多的是爱、陪伴、接纳、鼓励、尊重、相信和自由。

小女儿在幼儿园越来越深受老师和小朋友们的喜爱，她活泼开朗，爱分享，爱帮助人，有爱心。

这样一段时间后，再一次上虹汇课，我想要更上一层楼。我说："我脾气还是有些急躁，有时自己因为一些事情没有做好、没有达到想要的结果，会非常懊恼和自责，做事情老是犹豫不决。"

周虹老师笑着说："好，从今天开始，每天开始写你自己的优势发到微信朋友圈。"

啊！写我自己的优势？每天还要发微信圈??"纪委"监督，否则罚款？天呐！不会吧！要说写孩子的优势发朋友圈，大家还可以理解，自己写自己的，还每天必发，这让朋友们怎么看我呢？他们会不会想：丽丽，你不会是有病了吧？你也太自恋了吧？

怎么办呢？周虹老师发话了，我早知道来虹汇必须要“盲从”，这是“基本功”。

写吧，刚开始写孩子优势的时候难，现在写自己的更难！越发佩服周虹老师看透我的内心，原来我真的认为自己一无是处啊。从小就是在父母批评、指责、埋怨下成长的，几乎没有听到过父母对我有好的评价，真头大，更觉得伤心。一时想不出自己的优点来。咨询周虹老师，老师温柔地说：“慢慢来。从你每天做的事情中去发现你做得好的部分。”

当晚，我先在微信朋友圈发表声明：本人从今晚开始严格按照周虹老师的要求认真完成作业，希望姐妹们监督，感谢支持！

回顾自己的生活，首先发现的一个优点是：肯上进、爱学习。这两年为了家庭、自己，一直坚持不断学习，期间虽然遭到家人反对，甚至是强烈的反对，但我毅然绝然地坚持了下来。

我顾家、爱家，用心照顾老公、孩子的衣食住行……

当我重新定位自己，整个世界都开始改变。在接下来的日子里，我发现当我以优势为主线生活时，家庭生活真的不一样啊：两个孩子每天开心、快乐，愿意与我分享她们每天在学校、幼儿园的开心与不悦，主动承担更多家务，她们把好的一面展现给爸爸，爸爸很开心，孩子们的笑容也更阳光灿烂。我越发自信，笑容多了，和老公的关系也发生着微妙的变化。我以前从不会主动夸老公，现在经常当着两个孩子的面夸他：爸爸是我们家的顶梁柱，为我们遮风挡雨，是我们家奉献最多的、最辛苦也是功劳最大的人。我发现老公回家更早了，更愿意多陪伴孩子玩耍了。

周虹老师告诉我们：“懂比爱更重要。”我能更多地去理解老公，更懂他了，他工作压力大，回来不愿意说话，我就把孩子带出来，不去打扰他，让他一个人静静地在书房里思考。他吃饭口味重，特别爱吃辣的，以前我都是按照自己的想法限油、限盐、限辣，老公每顿饭都吃得无奈而无味。如今，我想：爱他就要以他喜欢的方式去爱他，而不是我认为的我喜欢的方式去限制他。他爱吃辣就让他吃吧，口味重就重吧，重要的是他能够多吃、爱吃就行。在做饭时，我每顿饭都要做两个适合他口味的菜及他最爱喝的西红柿鸡蛋汤。我现在已能做到完全接纳并尊重他的生活习惯。

每到节假日要回去看望公婆时，我会很用心地提前把老人喜欢吃的糍粑、老红糖等食品准备好。每到换季时，我会为公婆买上几身合适的衣服。我只有这些小小的变化，老公则回馈给我更多。

刚加入虹汇时，周虹老师"你不像个女人"这句话深深地刺痛了我，她还说："美丽一个女人，幸福、快乐一个家庭。"

我要美丽、漂亮，我更要让我的家庭幸福、快乐！于是，在老公的大力支持下，我先上形象课，学色彩、款式搭配等。了解了属于自己的颜色、曲线。周虹老师还叮嘱，不要跟流行，适合自己的才是最好的。接下来就是"疯狂购物"，去商场筛选适合自己的服装！后来，我经朋友介绍，终于找到了适合自己的服饰。但是，当我重新按照适合自己的曲线、款式去选、去试衣服时，总感觉十分别扭。老师说："你之前买衣服都是按照自己的想法，但不适合你，穿上不好看、没有美感。现在了解自己，尝试去改变，要想到我的形象价值百万。"于是，我鼓足勇气咬牙买了几套，价钱是以前不敢想象的。当我带着忐忑不安的心情回到家让老公"审视"时，没想到老公不但没有提出任何异议，反而说："可以，挺好看的，很有味道的。"得到老公的认可与赞美，内心是既激动又感动，我说："可不便宜呀！当时我都舍不得买！"老公说："只要你喜欢，别上当就行。"感谢大自然让我拥有这么理解我、爱我的老公，以前都没感觉到，差点失去老公，现在想来好危险啊！

现在，老公越来越爱我，对我越来越有耐心了。

想起我刚拿到驾照时，亲爱的老公开车带我去领，手里拿到这来之不易的驾照很高兴，但高兴之后傻眼了，虽然驾照拿在手里了，可我还是胆小不敢上路。于是，那段时间里，老公就自告奋勇成了我的私人陪练。尝试开车时，我很紧张，因为早就听朋友开玩笑说："要是学练车，千万别找自己的老公。老公没有耐心，夫妻往往会因练车而生气、吵架或妻子一气之下扭头走人。"

老公感受到我的紧张，说："放松，就像你在驾校练车时那样，慢慢开，先不要快，从起步—停车、起步—停车开始，再慢慢地加速、换档。"在整个陪练过程中，老公不急躁，不发火，耐心、细致地指导我，甚至有时我反而会发牢骚，感觉手脚不够用，忙乎不过来，配合不好，有时要小孩子脾气不想练了，老公等我发泄完了之后继续陪我练。现在我开车很熟练，感谢老公这么多年的不离不弃，让我由一个不懂事的小女孩变成一个成熟、有内涵、懂得他人的女人。

2014 年生日，让我终生难忘。

生日当天，我拖着疲惫的身体从医院回到家，在推开门的那一刻，我惊呆了。餐桌上摆放着刻有"一生挚爱"四个字的生日蛋糕，不一会儿又传来了温馨而欢快的生日祝福歌。噢！我这才想起来，原来今天是我的生日呀！因为父亲还在住院，加上还要照顾两个孩子，前一周本来想好了，生日当天要给自己买个生日蛋糕，一家人好好在一起过个生日，但这一忙起来，全给忘了。

这时，老公捧着一束玫瑰花向我走来："老婆，生日快乐！"两个孩子也跑到我身边向我祝福："妈妈！生日快乐！天天开心！"那一刻，我的眼泪哗哗地流下来。是啊，我有一个如此儒雅、体贴、顾家、宽容的老公，还有两个懂事、健康、活泼、可爱的“贴心小棉袄”，我原来怎么就不知道珍惜呢？整天去找老公和孩子的缺点，发不完的牢骚和抱怨，我真的是身在福中不知福啊！

生日当晚，向老公道歉，感谢他这么多年不离不弃，同时用宽广的胸怀包容我，耐心等待我慢慢学习成长，让我从一个不懂事的女人，逐渐转变成一个不但知他、懂他，而且越来越自爱、自立、自信、美丽、优雅的魅力女人。

我改变后，生活中真是惊喜不断，大女儿严重厌学的情绪逐渐消失。女儿判若两人，刚进入初中的她，不但与班主任建立了良好的师生关系，而且还喜欢上了她的各科老师。学习成绩优秀，深受班里老师、同学们的喜欢与尊重。同时，大女儿在学校举行的历史社团演讲中获得了第一名，得到班主任的高度评价和赞扬。女儿笑容越来越多，越发美丽、自信。期中考试后，由于女儿平时表现很好并且成绩突出，所以班主任特选我为家长代表去发言，介绍教育孩子的经验及心得。会后，我接到班主任反馈，说我发言非常好，让老师及家长很感动，也很受益，更让家长们受到启发。那些家长们说回家后确实要换一种教育方式，多去爱、欣赏、鼓励、尊重、相信孩子，多去看孩子的优势部分，不再只是像以前一样一味地批评、指责、埋怨、打击孩子了。

当我——女儿的妈妈得到班主任与家长们的尊重、赞美与认可，对女儿是莫大的荣誉与骄傲。女儿对我态度愈发温顺。我坚信这更会成为孩子今后人生的动力，使她更有上进心、爱学习、有智慧、自信、美丽、受人尊重。

2014 年 12 月 2 日，大女儿和我一起接受周虹老师邀请走进郑州广播电台《亲子课堂》栏目，女儿笑声朗朗，幽默、风趣，说自己从学渣到学霸，以后只做学霸，还提醒收音机前的叔叔、阿姨放手孩子的学习，只管帮助孩子生活得有意义从而达到学习目标。节目反响很大，赢得广大听众好评！

老公当天把节目信息转发到微信朋友圈，我知道他很自豪！

那段时间真的感到扬眉吐气，以前很多人对我进虹汇学习表示不理解甚至冷嘲热讽，女儿的表现充分证明我已经是货真价实的好妈妈。周虹老师表扬我是个好学生，几年了，我终于得到所有人的认可。后来，我荣幸地成为虹汇平台推介的导师，经常讲公益课分享我的学习经验。

有一天，想起周虹老师的话，我突然领悟到自己有了社会价值，生活真的有了意义，真正得到老公、孩子的尊重，这让我泪流满面，欣然为自己写下这些文字：

亲爱的，真的好敬佩你！

你始终有着一颗积极向上的心，你从不向困难低头，想尽办法去克服种种困难，顶住压力，始终坚定地遵从自己的内心，一直坚强地去学习成长！

今天的你已成为老公心目中的魅力女人和他的骄傲！

今天的你已成为父母眼中的优秀女儿！

今天的你已成为孩子们心目中拥有智慧的好妈妈！也是孩子们老师眼中的模范家长！

今天的你已成为了吾师心目中的好学生！

爱你，亲爱的自己！

最后，我要感谢父母、公婆、老公对我学习的理解与支持，更感谢自己，因为这几年有着一颗积极上进的决心，不怕苦，不怕困难，所以才拥有了今天甜蜜的幸福生活。

我深知在生活中还有很多在迷茫、痛苦中挣扎的姐妹们。在自己成长的同时，我更愿意怀着一颗爱心、慈悲心、感恩心去积极地引导并帮助她们学习成长。让她们也早日拥有一个幸福、和谐、美满的家庭。祝愿天下所有人平安、健康、喜乐！

周虹老师点评

以优势为主线生活，这个原则，谁用谁受益！

维护家人尊严和价值感，孩子感受到来自父母的认可和尊重。优势彰显或者优势视角也是社会生活工作中的一种全新健康理念。

优势视角在关注爱人、孩子良好行为时给家庭带来巨大的凝聚力。如果只把亲人生活中的优势行为作为观察强调的焦点，无形中淡化问题和劣势。那么，3个月内，家庭成员关系就会得到改善，夫妻双方的关系从消极对抗转向幽默和谐。孩子快乐，内心强大，相信自己具有自主生活学习的能力，从学渣到学霸，生活中方方面面为自己、家庭的荣誉而战！

采用优势视角初期阶段会感到很困难，操作需要三个阶段：首先，看不到家人优势时请闭嘴；其次，言简意赅，采用“三字经”沟通模式；最后，轻而易举口吐莲花。

要成功在家庭成员间开展优势互动，一定是从女人开始，爱的付出最终回流指向的也是女人。

别问为什么，“盲从”就好！

负念，引爆伤害

活在悲情中无法自拔

在周虹老师为我做的一次家排现场，呈现在我面前的是：

“痛苦”“抱怨”“伤害”的代表，死死地扯着我，我想挣脱，却不能自拔。我用尽全身的力气，仍被她们死死地拽着，动弹不得，慢慢地我开始认命。

直到作为“老公”的代表看到我痛苦，伸手把我从它们手中拉出来，我们暂且呆在一起。我感受到“老公”带给我的温暖、安全和希望。在“老公”忙于工作时，我又被这些负面情绪所包围，无法控制我自己。“儿子”的代表远远地站在一旁，看着在痛苦中挣扎的妈妈，不理不睬，不知道妈妈为什么会这样，他甚至不愿意到妈妈身边来。我的心好痛，好凉。“老公”疲倦地站在那里，他不愿意看到生活中这样哭哭啼啼、动不动就生气的女人，他感到无力挽救她。“成功”“财富”“幸福”的代表就在前面招手，我却无力靠近。

这就是我目前的状态，太贴切了。我又一次无法控制地泪流满面，只不过这次不同，我看到了自己，我铭记这一刻，因为我不想再这样下去，一点儿都不想。

身边的人都羡慕我嫁了一个好老公，养育了一个健壮、帅气的儿子，家里有房有车，自身形象也不差，难以想象有什么不开心的。我也很想知道自己为什么会这样?

那天晚上,我听到周虹老师做客郑州广播电台《亲子课堂》节目——《负念,引爆伤害》,越听越有感觉。这是老师为我做的专题吗?每句话说的都是我,我没了睡意,拿起笔,记下藏在我内心深处的心魔:原来,我一直生活在负念的情绪中。第二天一早,再次打开这期节目,反复听,坚信没错,找到答案了。我迫不及待地把这个消息告诉给周虹老师,同时,掩饰不住内心的恐惧:我怎么会是一个有负念的人呢?这太可怕了。我不愿承认自己是个有负念的女人,以后别人会怎么看我?

周虹老师回复我说:这是一个大的惊喜,其实人就是这样,一旦认识到这个问题,接纳自己有问题,就好了一大半了。恭喜你,亲爱的!

是的,我必须直面这个问题。虽然很怕,虽然会痛,我决定改变,这是必经的阶段。

撕掉悲情的标签

和老公初次见面,他白色的衬衣和西服内侧的派克钢笔,给我不一样的感觉。几次接触,发现他性格温和,宽容大度,和他聊天感觉很舒服。我们每天短信、电话不断,经常一次通话持续 1 个小时,有说不完的话。他的每日活动也一一向我汇报,我就像他的家长,他浓郁的爱意让我享受着被宠的感觉。最终,他对我的包容使我感动,相信他就是我要找的那个人。

我们在一起的日子很幸福,虽然一无所有,但我们都很努力,所以很快乐。在经济拮据的时候,我们都会把更多的钱放在对方的钱包里。寒冷的冬日,在我们租来的小屋里,他每次做好饭菜,等我下课回来,我内心有说不出来的温暖。

2004 年,我们有了自己的家。如我所愿,我们共同养家,共同分担家务。生活中,我一直坚持有事一起做,坚决杜绝老公的大男子主义,除了洗衣服,做饭和拖地都由他来干,感觉是理所当然的。自认为家中政策贯彻良好,对目前状态也还满意,没有想着要改变。

两年后,我们有了孩子,一切不像我想的样子。我成为全职妈妈,注意力全集中在孩子身上。养育孩子没有经验,显得手忙脚乱。睁眼是孩子,睡前是料理家务。两耳不闻窗外事,好似与世隔绝了。此时,靠老公一个人工资维持生活显得很不宽裕,为此他工作需要更多时间。我也只好担起照顾孩子和做家务的责任,尽量不让他操心。

慢慢地,我俩在一起的时间少了,更多的时间聊的是孩子,他也不再像以前一样关爱我,在他心里,孩子是最重要的。在我累的时候,没有人说话,就会觉得委屈、难过。我像个没长大的孩子,说变脸就变脸,不高兴时就让老公猜我心事,情绪来了挡不住。有了孩子以后,老公更多的时间用在工作养家,他没有精力再关注我的感受。特别是晚上,老公很晚还不回来,我就会胡思乱想:他跟谁在一起?有没有女人?他会不会被诱惑?

生活中,我遇到难题,第一个想到的就是老公,我习惯了依赖他生活。受了委屈,就想向他诉说;困了累了,就想让他陪我。无论遇到什么大事,只要与他在一起,就没有过不去的。自从他开创自己的企业之后,这些就离我越来越远,渐渐地我们生活在各自的圈子里,能聊的话题少了,在一起更多的感受是为生活打拼的劳累。我的生活圈子窄了小了,繁琐的生活带给我更多的是精神上的空虚。与此同时,老公经常在外,为工作上的事不停地奔波,他的快速成长让我感受到我们之间有了距离,他离我越来越远,我也越来越没有安全感。心中的委屈越积越多，刚开始就忍着，忍不住就一个人落泪。我把老公当成了父亲，伸手向他要更多，希望他像以前一样疼我，希望我的付出得到他的认可，希望在我累的时候他能陪我，希望他能对我更好。

刚认识周虹老师时，她说生活要合理分工，男人负责赚钱养家，女人以家庭为主，负责养育孩子。但这一点，就与我的观念不符，这不回到旧社会了？现代社会男女平等，共同赚钱养家，共同养育子女，公平、合理，有什么不好？干嘛让女人做出让步呆在家中？从小我就被教育要有自己的职业、收入，不能依赖男人。曾经很难适应没有收入的日子，我会有恐慌和不安。虽然在家带孩子，心不知道在哪儿。潜意识还会有期盼，有念想，有抱怨，不是心甘情愿地呆在家里，特别累的时候，会情绪暴躁，心有杂念，担心、焦虑随之而来，生活中一片阴霾。尽管生活条件越来越好，却没有什么事能让我很高兴、很开心的。

刚入虹汇时，周虹老师给我贴了一个悲情的标签，我很不满意。她说我像林黛玉，说起话来梨花带雨，凄美动人，声音中透出悲情，没有生机，让人想哭。我的悲情来源于我的委屈，委屈是什么？就是认为自己是对的，别人都不对。虽然以前听过老师的课，老师说来学习就是来丢人的，把人丢在课堂上，是为了以后不丢人。虽然有这句话垫底，我还是觉得当头一棒，浑身不自在。她说我心胸狭隘，看不到别人的好。给我布置的第一个作业是：写出十条老公的优势和十条孩子的优点。孩子的优点很快写完了，老公的优势却迟迟写不出来。挑他的毛病可以，让我找他的十条优势，这太难了。

看不到老公的好，就会忍不住说他的不好。老师说：女人，首先要管住自己的嘴，说不出好的就闭嘴不说，忍不住想说时，就掐一下自己的大腿。

和老公在一起生活十余年，我认为他做好是理所当然的，没有感谢、感激和感动。相反，他做得不好的，我都记在心上挂在嘴上，说烦了，俩人越离越远，相处漠然。让我找到他的十条优势，这太难了。但作业也不能不做，怎么办？后来，我问周围的朋友，让她们说说，在她们眼里，我老公是一个什么样的人？她们说，你老公多好啊，成功男士，有责任有担当，顾家爱孩子，脾气又好，对人宽容，有耐心，做事情持之以恒，事业有成，生活上什么都不缺，和这样男人在一起，不幸福都难……原来，老公在她们眼里这么优秀，我怎么没看到？她们骗我的吧。

以前，当我诉说委屈时总会博得同情或理解。在虹汇，这行不通，周虹老师每次都说女人不对，女人更应该学习和成长。刚开始很难理解，每次来都会受批评，批得都不想去了，但不去自己又没有办法去改善家庭关系，我只好逼着自己再次从生活中发现老公的好。

当真正换个角度来看一个人时，就感到大不一样，老公还是那个老公，但他身上的好开始增多起来。

回想起来，老公真像一只打不死的“小强（蟑螂别名）”，生活中的难题，生意上的不顺利，他没有怕过，都挺过来了；他对生活充满热情，拥有乐观、向上的心态，在这一点上，他总能引领我，从灰暗的不愉快的情绪中走出来。现在才知道，原来他才是高人！老公写道：“老婆，十几年的风雨，我们经历过贫穷的生活、快乐的生活，没有我们过不去的，你和孩子是我的依靠，是我最坚实的后台和精神支柱，我努力地工作只是想让你们过上更好的生活。”当我不再挑剔的时候，我体会到的是感动，感受到老公本有的真诚、踏实和担当。

抱怨、委屈、痛苦的产生，往往是由于看到了别人的不好，当把眼光从别人身上收回来看自己的时候，才找到问题的根源所在。我看到了自己，就是一个没长大的小女孩蜷缩在老公的怀里，享受着他带给我的“阳光”和“雨露”，时不时地还闹个情绪，挑战一下他的底线。突然间好心疼老公，被这样一个不成熟的女人折磨了这么多年。怀着愧疚之心，我发誓要好好爱他。

虹汇课上，老师教我们用肢体语言示爱。女人分为两组，我坐在椅子上代表男人，闭上眼睛，用心感受每一个女人用手触碰我的感觉。游戏开始了，我作为男人，自己极度反感双手摁在我头上，而且力度很重，不是抚触，倒像是制服；有的力度太轻，像是挠痒痒，让人极不舒服；力度适宜又感觉不到舒适；偶然碰到一位，温暖柔软的手指，在触碰到我的瞬间，就知道是自己喜欢的，因为她全身心地感受着我的身体，她的心与我的身体同在，你感受到了她的爱。

在给老公洗脚时，我再次验证了这一点。我用双手握着他的脚，没有嫌弃，唯有爱，用心去触碰那双脚，为了家人的幸福，这双脚不知疲倦地走了多少的路，抚摸着脚上厚厚的角质，唯有心疼，我要来为它好好地放松一下。洗完之后用蜂蜜做护理按摩，角质越来越薄，脚病也痊愈了，不痒不痛更安心，现在他的脚粉嘟嘟的，嫩了许多。

不找事的女人才会慢慢看到自己的幸福。今年的中秋节，老公带我们远行，全家人在海边赏月团圆。十一假期，我们又到美丽的厦门，游览了鼓浪屿与中国最美的大学——厦门大学。每次出游，都是老公精心安排，不用我费心，吃喝玩乐想得很周全。

不要求别人，生活中处处是惊喜。女人生理期，腰酸肚痛，我放下一切，躺在床上休息。老公下班回来，挽起袖子烙饼，熬粥烧菜。儿子端来红糖水，被两个男人照顾着，我感觉好幸福。

我很高兴自己找到了幸福的方向，我以为自己已经“疗愈”，就又开始反复，忘记了老师让我做的事情，依然按自己的老套行事，生活一有不如意，马上回到原形，又开始愁眉不展，担心和焦虑接踵而至，甚至开始质疑老师。

沉闷一段时间，我不得不再次回来，重新开始。如此反复，最终结果还要自己承受，再次沉下心来，继续深修恭敬心、谦卑心、感激心，做一个听话的学生。

老师给我开的另一个方子是运动与清理。她说要想心情快乐，首先要让你的身体快乐起来，身体能带动你的内心一起快乐起来。

运动就能快乐，我听了很兴奋、很冲动，办了张健身卡，准备开始运动，但回到家里就不想去运动了，以没空去为理由，迟迟不见行动。

老师问我："你不用上班，你有什么重要的事要做？"怎么和我老公一个口气？他也总问我：你每天都干嘛了？问得我哑口无言，我心里又不服气。我也没闲着，想着每天琐碎的事儿，从早上睁眼到晚上睡觉前，我没有坐下来喝杯茶歇会儿的工夫；被提起来就是没上班，什么事都可以找我去做。我开始记录每天的生活。看下来，大多的事情就是接送孩子，洗衣、做饭，围着家里转，确实没什么重要事。可是，上班每天8个小时，每周还有两个休息日，我在家比上班还忙，每天都要加班加点，没有假期，早上第一个起，晚上最后一个睡，一刻不闲，还不被认可，我满腹牢骚和委屈。

周虹老师仿佛有第三只眼睛，虽然我只是在家向老公发发火，让他认可我，对我好点儿，但老师的一番话又道破真相："你看似温柔、可爱，实则说起话来又狠又伤人。特别是面对老公和孩子，你拿着匕首对准软肋，哪儿疼扎哪儿，你毫无感觉；看似你有用，实则生活一片混乱；什么都想要，要的太多，像八爪鱼一样，结果什么都没抓到。"这说的是我吗？很长一段时间，我都在对号入座。我没有刻意改变自己，和往常一样，该怎么做就怎么做。只不过我把自己分成了两个人，一个是旧我，一个是新我。旧我就是生活中真实的我，新我就是将来我要成为的那个人。目前，新我的任务就是看清旧我。新我告诉我：老师说得又狠又准，确实如此。

我看似温柔，生活中不会说软话，对老公、孩子容易急躁发火，要么就冷淡不说话，是一个毫无情趣、冰冷无温度的女人。老师说当你做到对人宽容，要求不那么多的时候，你的内心会不自觉地柔软下来，语气也会不自觉地柔软下来。当我试着去做的时候，我根本管不住自己，我还是会忍不住地去挑别人的毛病，忍不住地发脾气。让我说一些柔软的话，我张不开那嘴。就说“亲爱的”三个字，我练了一年半，才对老公说出口。平日里叫名字习惯了，突然改称亲爱的，怎么那么别扭。别说面对他说，自己一个人练习的时候，都觉得很生硬，不是那个味儿。面对老公说不出口，先在儿子身上试，比较成功。第一次称老公“亲爱的”是在微信留言，看他不反感，就在电话里说，还会觉得不好意思，终于有一天面对他脱口而出——亲爱的！

混乱是我生活的常态，常常是人在家里，心不知道飘到哪里去了。做饭时想着衣服没洗，洗衣时想着地还没拖，拖地时又想着还有什么事没做。长期的身心分离，导致做事无序。针对这一点，老师出的招儿是清理。从清理家里物品开始，深度清理。首先是墙面贴上了不同图案的壁纸，让家里多一些色彩。购置了新的家具，把家里散乱的杂物整理起来。接着，衣柜、橱柜、抽屉等里里外外清理了一遍，长期闲置不用的、不喜欢的、不适合的、感觉不舒服的衣物统统清理出去，要么送人，要么扔掉。看到家里整洁有序、温馨舒适，确实心情好了许多。家就像是我的内心，堆放着很多垃圾需要清理，我每日的精力被这些无用的事物牵制着，疲惫不堪。我决定与那些痛苦的、负面的、没有价值的事情一刀两断，一件一件放下、扔掉，不再把它们装在心里，只留下美好的、令人向往的回忆。突然间我感到身心轻松、浑身舒畅、充满力量。

虹汇是一个强大的正能量场，每周我都会按时去充电，汲取正能量。我是一个能量非常弱的女人，即使刚刚充完电，到家还没来得及释放，就被家中的洪流淹没。当我看到虹汇姐妹拿着老师的法宝大踏步向前走的时候，我也很着急。为什么我还是不开心？为什么我还是控制不住情绪想发火呢？为什么我总是反复，逃脱不了负面情绪的魔掌？

不信、不动是我成长慢的最重要原因。继续盲从老师的话，我再次走进健身房，坚持运动，通过运动唤醒我那僵硬的身躯，通过运动打开我尘封已久的心灵。双脚踏在跑步机上，任凭汗水流淌，好久没有这样的感觉，体内的毒素和坏情绪随着汗水排泄出来，内心随之平静，开始敞亮，不再翻腾。我学会了接纳不良情绪，转身再把它丢掉。以前的我只知抗拒，坏情绪来了就心烦，要么不允许别人有，自己还容易被感染，不知道去疏导。塑形和瑜伽课程活跃了我全身的肌肉，每个动作的拉伸和那种对疼痛的忍耐，让我看到了自己意志力的脆弱。每当疼痛过后，超越自我的快感也是不言而喻的。运动过后，回到家里，反而没那么劳累，倒想做些家务，睡眠很好，第二天不用闹钟自然醒，比平时醒得都早。

我一直生活在负念的情绪中。终于明白为什么自己喜欢到虹汇这个场所，我渴望得到正能量，当我自身的正念未启动之前，我需要外界的能量来支撑我，给我力量和信心。这正是能量消耗快的原因，不能总是借力，我必须学会自己充电，把负念转变为正念并将其固化在我的生活中，正能量才会源源不断。

负念是一种心瘾，无法控制，不能自拔。这源自我 0—6 岁的生活经历，家中负面情绪太多，原生家庭带给我的这些负能量，就像一颗定时炸弹隐藏在我的体内，在婚姻中就会引爆。只有固化正念，情绪才会得到好转。我不断暗示自己，要相信自己，会有好的事情发生，不用担心、焦虑，相信好状态就能吸引好结果。

我给自己的定位是一位好妈妈、好妻子，相信自己能做好。以前，我把老公当父亲，伸手向他要温暖，要关爱，要理解，要他来照顾我，我一直躲在他的怀里不愿长大，享受着他带给我的一切。非常感谢老公十年来对我的宠爱和包容。现在的我必须长大，生活由不得我再任性下去。我必须站起来，承担起为人妻、为人母的责任。修炼女人的柔美，从说话开始，心生正念，微笑开口，口吐莲花。现在想想，就很美，谁会不喜欢这样的女人？

生活中不如意的事十之八九，何况经营企业，难免有不顺利的时候。当老公有情绪的时候，我学会了接纳，知道他不是冲我来的，为他倒杯水，端上新鲜的水果，不去打扰他，等他情绪过去了自然就好了。我也不再为他一到家就玩手机和看电视烦恼了，我理解这是他缓解压力的一种方式，这不正是好男人懂得爱自己的一种表现吗？

我不再让老公猜我的心事，有想法就直说，不绕弯子。在我们结婚十周年的前几日，我提醒他下周一是个重要的日子，我想跟他在一起。本来安排出差的老公知道了我的心思，这一天他放下工作，我们一起吃饭，并拍摄了结婚纪念照。

我试着让自己的冰冷的心融化，做一个知冷知热有温度的女人。我和儿子一起看搞笑类的节目，说幽默笑话，儿子也会时常提醒我：妈，笑一个呗！现在，我脸上的微笑多了，看着镜子中的自己，还是笑起来最美。通过运动让自己暖起来、热起来，热情才能传递给别人。

我会继续学习成长，固化新的模式。幸福需要勇敢，勇敢的去要我想要的，继续运动、清理，继续塑造新我，2015，有你见证，我会更好。

最后，感谢老公的耐心等待，感谢儿子的引领，感谢自己勇敢地承担起自己！

感谢生命中的贵人——周虹老师！深深地向你鞠躬！

周虹老师点评

负念，可怕的生命轮回。

负念女人的心理往往是消极的，凡事只从负面着想，生活在虚幻中期待着他人承担自己的命运，自我怜悯。走进两性关系如同抓了一个救命稻草，强烈地要依赖。爱玩柏拉图，要守持高洁的品质，其实长期精神出轨，虚幻世界里有一个想象中的完美的男人，心思完全不在眼前人身上。生养孩子以后无力应对，整日以泪洗面。看似柔弱却固守自己心意行事，冰冷无情，丈夫和孩子苦不堪言。

负念一般有深远的家族史，一代代孩子被母亲牵引，无视当下幸福。

由于她们自尊更自卑，想突破重围，就要避免两者的极端化。客观承认别人是正确的，接受他人比自己强不会给自己带来耻辱，甚至赢得深深的敬意。在人际关系中的态度是接纳、接纳，还是接纳！当你接纳生活中已经发生的一切。好的转机，就此展开……

无论心、身，都要开放，走出去，迈出一步，海阔天空。

家族命运何去何从，女人，看你的了……

原来我一直深爱着他

冲破重重阻力的婚姻即将搁浅

夜已深，我伏在案前，用手中的笔和自己的心对话。

我看到我的老公——比我大16岁的王沙。朋友都叫他“沙哥”，他确实配得上这个称呼。我则被尊称为“沙嫂”，这么多年，被这么多兄弟护着、敬着，我很享受这种殊荣。

认识周虹老师时，我已经是别人眼中的幸福女人：业界精英，家庭美满，美貌与智慧并存，爱情事业双丰收，堪称完美。可是第一次在郑州广播电台《亲子课堂》栏目里听到周虹老师的声音，动听悦耳，充满女性魅力，不讲其他专家那种头头是道的理论知识，她给咨询者的点评字字珠玑，针砭有力，直戳人心，直达病灶，感觉是不怕你痛，只真心为你好……很久没有佩服谁了，我渴望见到周虹老师，想要靠近她。

因为，我需要她的帮助。

因为，撕下“完美”的面具，我的生活还有另外一面。

生活越来越富足，我的心并没有越来越安定，反而越来越少激情和新鲜感，老公越来越没有年轻时那么帅气，“七年之痒”像魔咒一样降临我的生活。突然有一天，发觉生活如此乏味，没有了梦想和追求，只有曾经梦寐以求、现在却感到黯然失色的名车、豪宅、觥筹交错的应酬、周游世界……看似风光无限，却极度空虚、落寞，浑浑噩噩，日复一日，工作、生活习惯性地按部就班地过着，平淡无奇……没有方向，不知未来的路在何方？

周虹老师没有直接给药方，而是要先了解我的0—18岁经历。

我的0—18岁？！

我出生在一个不富裕但充满爱的家庭。记忆中的周末，老爸骑着二八自行车，横梁上挤着姐姐和我，后座上妈妈搂着爸爸的腰，穿越半座城去小街吃锅贴。一路上欢声笑语，一次次不小心把手挤在捏着的车闸里，还不长记性地痛并快乐着。印象最深的是爸爸好像偏心我，最爱牵着我的手，带我去看电影，散场后吃上10串羊肉串解解馋，再大手牵小手满心欢喜、蹦蹦跳跳地回家。于是，在那个流行琼瑶小说的年代，我渐渐长成了爱穿紫色长裙、爱做"一帘幽梦"的文艺女生，幻想着一个如父如兄的男人成为宠爱我一生的丈夫。包容我的任性，享受我的撒娇，读懂我的温柔，忍受我的疯狂。总之，他像超人一样有求必应，无所不能。大学时代，和寝室姐妹们说心中的秘密，"我一定要找一个比我大10岁以上的老公"。

周虹老师说："你不是在找老公，你是在找'父亲'。但是，女人始终是要归位的。"

是吗？但是我的确找到了这样的老公。

也许是上天听见了我的呼唤，冥冥之中为我做好了安排。在我23岁那年，我遇到了"传说"中的男人——爱上就绝不放手的王沙。他成熟稳重，干净有序，彬彬有礼，浪漫幽默。总之，世界上所有赞美男人的词汇统统安在他身上，我当时觉得都不为过。他可以在电话里为我唱歌，伴我入睡；他可以亲自为我做我想吃的饭菜，精致入味；他可以安排好我家里所有亲人的各类事宜，乐此不疲，细致入微，面面俱到。但尽管如此，交往还是遭到了家人坚决反对，姐姐将我反锁门外，一整夜不开门，不让我入内。可以想象，在那个离婚率不高的年代，一个从未谈过恋爱但一直有人追、父母还要“择优录取”未来女婿的女大学生，要嫁给离异有一女，而且比自己大整整16岁即将满40岁的男人，那是多么胆大妄为、不可容忍的事啊！一方是“你若执意，就和我们断绝关系”的严辞，一方是“你们若不同意，我就终生不嫁”的铮铮誓言！抗争在暗暗地持续，这样的日子看不到未来，却依然坚定相信会有美好未来。后来，我的父母开始接受他，认可他，并且越来越喜欢他。最终，历经四年的不懈努力，我们终于冲破层层阻碍，穿越世俗偏见，于2003年9月6日在众人的祝福、鉴证下举行了婚礼，两个相爱的人终于步入了婚姻的殿堂。

可是，现在呢？工作中的我业绩骄人，从业十年，从第一年就成为全省销售冠军后便一路高歌，成为行业领军人物，领导重视，同事追捧，客户喜爱，受邀各地市演讲，公司内粉丝遍布，到全世界领奖、旅游、学习，阅历丰富，阅人无数。走过的地方听到的全是赞美、奉承的声音，看到的都是欣赏、鼓励的目光，虚荣心得到了极大的满足。在不知不觉中，我膨胀了，自我陶醉了，渐渐地看不清自己、看不惯他人了，我变得颐指气使，专横跋扈，对外谦卑，笑容可掬，得体优雅，无可挑剔，回到家却经常脾气暴躁，喜怒无常，像女王般不可一世。

我是不爱他了吗？

周虹老师说：“杨波，你要懂得尊重别人的价值。即便你是维多利亚女王，你也要崇拜一个人——那就是你的老公。踏踏实实修自己吧。”

学会爱的女人才有资格拥抱幸福

交了会费，走进课堂，可是每周两次的课，我总是有那么多的事情走不开，总有那么多的理由不上课，偶尔“惊艳出场”的神秘感反倒让我成了姐妹们的偶像，我又开始享受被崇拜的感觉，忘了自己的初衷……

周虹老师说：“杨波，你得落地了，一直飘着，累不累？”或许是内心还不愿着陆，总之，我不知如何落地，就这么一直游离在虹汇课堂边缘……直到2014年的4月。

周虹老师用1个月的时间让姐妹们谈“真诚”，相互打分，检测自己。周虹老师以擅长“做手术”且不给麻药著称，这次，她对我下了“狠手”。

一番深刻剖析后，周虹老师说：“杨波，你问问自己的心，你是一个好女人吗？你是一个好女儿吗？你是一个好妻子吗？你是一个好母亲吗？你是一个好朋友吗？你对自己和别人真诚吗？”

我不敢与她对视。

“真诚”真的在慢慢远离我的生活，真是的，我活在虚幻的世界里。我把自己架在高高的云端里，妄自尊大地认为自己比更多的灵魂高贵，我的选择，包括老公、工作、请客的饭店、衣物、饰品……总之，一切都应是最好的、最该得到赞誉、最该被他人追捧，我活在了别人的看法中，我把虚荣当作自己快乐的源泉。

我的心就这样被像洋葱一样一层层剥开，心在流泪，因为被掏空而什么也没有了，我觉得自己什么也不是！”如醍醐灌顶，猛然发现我早已不是从前的我，从前那个大学毕业被分配到广播电台当记者，同学炎炎夏日挤着公交车一身臭汗找工作，而我已经坐着各种名车四处鲜衣怒马出入高档场合，却因为自己纯净的心容不下、看不惯开会领着毛毯、皮包、红包，海吃海喝，所以毅然辞职！可我发现自己现在怎么又回去了呢？

我一夜未眠，突然间感觉天崩地裂，我哪里来的孤芳自赏、妄自尊大？我没有一样做得好啊！我陷入了深深地自省：作为女儿，对妈妈，虽然我不断地给她买很多东西，阔绰地给她钱，母亲节必有鲜花，生日必摆宴席宴请亲朋，但妈妈生病时是姐姐每日不离地在医院照顾她，我却"潇洒"地嫣然一笑："我工作忙，放心治病，我出钱，你出力。"老太太在我们家住的时候，每当我进门时都要问一句"吃饭了没"？有时遇到午后三四点她问，我就火冒三丈恶语相对："我傻啊？这个时候还不吃饭！"老人默默地走开。作为母亲，对女儿，想想孩子今年快 4 岁了，居然没有给她做过一顿饭，从小姥姥、姥爷带，现在有保姆照顾，这是我不用做饭的理由，可孩子也许这一生都不会知道什么是"妈妈的味道"，只是会闻到妈妈香水的味道。有一次，刚会蹒跚走路的女儿在我一进家门来和我拥抱时，我猛地把她推开了，"你看你的袖子湿的！别碰我！"吓得她打了个颤！因为刚刚自己洗完手，袖子几乎湿透了，姥姥、姥爷正准备给她换，她就听到我的敲门声，欢天喜地来迎接我，我连姥姥、姥爷一起数落"洗个手能把袖子全弄湿，怎么搞的?!"姥爷轻轻地说，孩子刚才听歌《爱我你就抱抱我》，说"妈妈马上下班了，我把手洗干净，等妈妈一回家就给她一个大大的拥抱！妈妈肯定会很高兴！"天哪！我都干了些什么啊！在天使面前，我简直是个魔鬼！……心痛得颤抖，无声地止不住地流泪，我发现，自己把优雅留给了"外环"，把憎恶都留给了至亲至爱的人。我更花了好长时间去思考：作为妻子，我到底合格不合格？这次思考居然让我觉得要狠狠地把自己撕碎了，自己简直太差劲了，简直不配拥有这么好的男人。从我认识他的第一天起，直到如今，他在所有人面前都一样地有礼貌、有涵养，开车时若前面有老人、孩子在行走挡路，他从不会按喇叭让他们让路；若雨天一定是慢慢行驶，不让雨水溅湿行人。15 年来，从未跟我吵过架，连大声怒吼都没有过，别人问他："你们两口子怎么能不吵架？过日子哪有不吵架的？"他说："我把她当自己的孩子，爱护她、包容她就可以了，做错事了，找机会和她讲明白就好了。"每次看到我对妈妈怒气冲冲地说话时，他都会事后找机会在我心情好时搂着女儿说："妈妈笑的样子最漂亮了，妈妈对姥姥要好一点哟。"我不得不好好地面对自己的错误，及时纠正，时刻照照镜子看自己是否面目可憎。

老师仅仅轻轻一句话，就让我如遇霹雳般惊醒，"其实一个女人，母亲、妻子、女儿，只要做好其中一样就很不错了。"周虹老师说："你嫁的是极品男人，只是你没察觉而已。"我不断回味，十分佩服她的这句话，因为它在生活的点点滴滴、方方面面一次又一次得到验证。

有一次和朋友吃饭，喝了很多红酒，王沙说："其实和杨波生活这么多年，我一直很痛苦。"我暗暗吸了口气，酒后吐真言啊，终于该在朋友面前数落数落、发泄发泄对我的不满了，谁知王沙却笑说："痛苦找不到更好的办法能让她更幸福。"所有的人听了此话都向他敬酒："以后我们叫你王老师。"宾主皆欢。

可是直到现在，我才真正看到，这是何等优秀的男人，一直用心地把我像公主一样捧着，宠着，呵护着。

我的心开始慢慢沉下来，终于发现有很多事情是可以暂时放下的，终于发现我是和大家一样真实的人，终于发现敞开的感觉真好……我开始慢慢真正走进虹汇课堂。

我一直认为周虹老师是上帝派来拯救我的天使，如果没有周虹老师的指点，我真不知道自己会如何面对生活的考验。

有一天，一直护着我的沙哥突然病倒了，说话语无伦次，颠三倒四，紧急送往医院，诊断为“轻微脑梗及心梗”。我安排好孩子，自己在医院里陪了他整整15天，在他躺倒在病床上时，我才真正知道自己原来还是个妻子！

夜深人静的时候，看着眼前躺在病床上的这个男人，往事一幕幕浮上心头。

婚姻进入第7年时，好像中了“七年之痒”的魔咒，好像他所有的好，我已经视而不见了，对我没有任何吸引力了。热恋时最爱唱的《味道》那首歌里他那浓浓的我曾经迷恋的“手指间淡淡的烟草味道”，也随着孩子的出生变得让我厌恶，经常呵斥他：“要抽，离远点儿抽！”有时，他因工作太累不洗漱就倒头睡觉，袜子扔在地板上，我就幽怨地看着打鼾的他，那一刻我知道自己的眼里飞出小刀，透着嫌弃，没有一丝爱意。不知从什么时候开始，他一下子变老了，腰也不再挺拔，眼袋也重了，气色也差了，有时很重要的事他居然都能忘记，不再意气风发了，一个很有品位的人穿衣也不讲究了，当我提出要给他买衣服时，他总爱说：“给孩子买吧，我都是老头子喽！”我的爱都放在了孩子身上。

从认识他那天起，他就把我当成小公主捧在手心，因为他如父如兄，我也心安理得享受这份宠爱、呵护，却从未想过有一天我得来照顾他。看着穿上病号服的他，我看到了他坚强背后的脆弱，面对衰老的无奈与苦楚。当我为他剪指甲，和他十指相扣慢慢散步时；当我为他洗脚，摸到厚厚硬硬的老茧时；当我喂他吃饭，看到他浑浊的眼神，一口一口细细吞咽时，心疼的泪在心底流淌，愧疚的心默默地流血，他一直默默付出，我从未看到，从未珍惜，如今才知道他对我生命的意义和价值！我没有给过眼前这个男人一个妻子应有的关心啊！

因为父母的宠爱和保姆的照顾，我没做过一顿饭，倒是先生经常下厨。不知从什么时候开始，我忽视了他的存在，忘记了激情燃烧的岁月，甚至担忧随着年轮的增长，他愈发是个垂垂老者，而我追求的浪漫离我而去了，就像周虹老师说的吸引力法则，我担忧的终于来了！我看着病床上的先生，一个柔弱的男人也像孩子般无助，我不断想起周虹老师对我的教导："杨波啊，别把自己架得那么高，踏踏实实地过日子，稳稳的幸福才是我们最该追求的。"是啊，天天出入最高档的饭店、环境最棒的咖啡馆，在有特色的小店拍拍照，假文艺青年般无病呻吟，写写十八九岁少女才应该写的小诗，真正忘了"我是谁"！可能自己年少时因看琼瑶小说而编织的梦一直没有清醒，为了享受自以为是的小资生活，甚至连孩子都送到洛阳我姐家，让她帮忙带，好让自己尽情享受所谓的"格调生活"，姐姐打电话说孩子经常晚上睡觉前想妈妈想得掉眼泪，又见不到妈妈时就叫她"姨妈妈"，我只是流了几滴怜爱的泪，还没想到把孩子接回身边，我是多么自私、不懂事啊！

在医院的日子，我懂得了感恩，这让我从云端结结实实地落在了地上，看清了自己的位置。通过电波，周虹老师的一期《亲子课堂》节目好像就是说给我听的，她说"爱是优化生命的过程"。而我除了索取，真的是没为这个家做过什么啊！

领悟后的改变是痛彻心扉、脱胎换骨的。老公出院后，我真正成为了一名有责任有担当的妻子，每天为他泡好降血脂的昆仑雪菊，还为他请国内知名营养师调配五谷汤，每天熬好汤端到他面前看他吃完放心地笑笑，告诉他："身体会越来越棒哦！"

现在，我不再是个工作狂，若没有特殊情况，就一定亲自到幼儿园接孩子，周虹老师教导我对孩子要深度陪伴、品质陪伴，和她聊天、做游戏，给她讲故事，每晚女儿临睡前都会搂着我说："妈妈，我爱你！晚安!”给我一个深深的吻。老公也养成健康的生活习惯,去繁从简,推掉不必要的饭局,早早回家,甚至我告诉他:“宝贝最希望咱俩一起去幼儿园接她。”于是,我俩经常同时接到孩子,尽享天伦之乐。我在心里默默告诉自己:“我爱他,今生今世,照顾他,不离不弃,无论疾病还是贫穷,即使头发花白,牙齿掉光,身体上我是他的拐杖,精神上我是他的支柱,我们相扶到老。”

我长大了,是个刚刚懂事的女人,如今真正站在妻子、母亲的位置上,要学的很多。静心,修行的日子每天依旧,周虹老师的“调教”无所不在,如何整理家,以身作则,整理好后拍摄图片发至微信群,我只管照做即可;微信朋友圈如何发积极、阳光、正能量的内容,看到有抱怨、牢骚、矫情的及时纠正,那么多学生,周虹老师居然每天都通过微信关注着我们的成长,她眼睛不好却唯恐漏掉一个学生,每天一条微信,像老师每天都在批改作业,像妈妈每分每秒都心系着我们,有这样的老师、“姐姐”“妈妈”,我们没有理由不做合格母亲、称职妻子、懂事女儿。

现在的我,像水晶一样透明、纯粹,我有了前所未有的轻松与愉悦,我懂得了如何修正自己的言行举止,如何有效控制自己的情绪,如何固化自己的运动习惯,如何合理、有效地安排自己的时间,如何取舍事物与人物,让自己的生活、工作得心应手,游刃有余。在近一年的时间里,我收获了许多人特别是虹汇姐妹的信任和喜爱,也用自己的专业知识保障、照顾了许许多多的家庭,这些家庭中的成员都是值得我用一生去爱的人,我的生命因他们而更有价值和意义。

就像刘若英的歌曲《后来》中唱的那样:“后来,我总算学会了如何去爱……后来,终于在眼泪中明白,有些人,一旦错过就不再。”后来的日子,让它幸福得像花儿一样……

放下手中的笔，回头望一眼熟睡中的男人，我知道，当这些文字落在纸上，我对他的爱又深刻了一分。我知道，我一直是幸运的，可是幸运像信用卡一样，用多了也会透支，唯有好好守住我的爱人，守住生命中这个叫王沙的男人，才是我此生永远的幸福。

周虹老师点评

走进婚姻，许多女人还一直是爸爸身边的乖女儿。

恋爱时，她们不是在找对象，是在找爸爸。多年婚姻生活，男人一直是扮演父亲的角色，女人从来没有给男人做过饭、打理过生活，孩子出生后也是别人养……岁月蹉跎，她们还一直是小女孩——站在父亲身边的小女孩……那么，男人的妻子呢？

男人要实实在在的生活，他们需要一个知冷知热的妻子，不是长不大的小女孩。当女人始终站在父亲的身边，男人的妻子在哪里？孩子的母亲在哪里？一个家庭真正的幸福在哪里呢？不要非得等到生活遭到重创才幡然醒悟。

21世纪，女人的成熟、成长比成功更重要！

我的老公我做主

我的老公需要"大修"

自古以来,女人们对于自己的另一半就有一个美好的称谓叫"如意郎君"。可是我的那个所谓的"如意郎君"却越来越不让我如意。人们常说"男怕入错行,女怕嫁错郎"。我越来越强烈地感觉到我就是传说中的那种"嫁错郎"的悲摧女子。

什么？您还不信？那就麻烦您审视一下我们的生活吧：

周末,我老公一定是宅在家里。我眼巴巴地看着别人的老公在外面觥筹交错、推杯换盏,尽显八面玲珑。再想一想家里那个他,我的无名火怎么都按捺不住,常常会对他声嘶力竭地吼:"你呀,就知道窝在家里,不会找朋友、同学、同事喝喝酒、聊聊天？就会在家陪孩子玩？有出息吗?"他说:"我不喜欢喝酒,你又不是不知道!"我厉声反问:"不会喝,不会学吗?"

他喜欢在家看书、上网。我会在一旁唠叨:"你就会坐这儿看书,怎么不去健身房锻炼锻炼？跑跑步、打打球？人到中年了,保持身体健康很重要,你不知道吗?"

去亲戚家串门儿,很多时候,他扮演的角色就是"听众"。这令我非常不满,回家路上,我一定会对他连讽刺带挖苦:"呦！你的话是金子做的吧？怎么那么金贵？是不是需要先付费才能听啊?"

哪个女人不希望自己的老公帅帅的呢？可我老公体型很瘦，看起来一点都不帅！最起码离我的期望还差那么一大截。所以，我很想让他再长胖些。他是南方人，爱吃米饭，每当他吃米饭的时候，我就在他耳边唠叨："为啥喜欢吃米饭呢？多吃点面食，才长肉呀！你不知道吗？"

他从来都是我行我素，把我的话当成耳旁风。

看完电影、电视，我是一定要发表影评、剧评的！不然怎么证明咱也是有文化、有主见的人呢？当我等着他发表评论的时候，他要么笑而不答，要么敷衍了事。真的是无趣极了。

还有最让我头疼的穿衣服问题，每次都是我提醒之后他才换，我不提醒，他就不换。

最令我不满意的是，他从来不会说"甜甜话"。想让他用甜言蜜语哄我开心？比登天都难。

唉！您瞧我老公少言、木讷、无趣……那缺点可是多了去了！怎么一点都不像别人家的老公：高大、帅气、多金、有能力、呼风唤雨、八面玲珑、口齿伶俐……这些受人追捧的东西，他一点都没有！您说，趁着他还比较年轻，不赶紧"改造"一下，能行吗?!

可问题的关键是：我每天苦口婆心、面面俱到地动之以情、晓之以理，开导他、指点他，他根本就听不进去！或者说根本就不听，很多时候还对我表现出反感和无奈。甚至郑重其事地告诉我："老婆，你的做法让我压力很大。让我很不舒服。"还说我不了解他。

这让我非常伤心——这根本就是"白天不懂夜的黑"，我们根本就不是同一个世界的人嘛！

跟这样没情趣、没钞票、没意思的人生活，是不是在浪费生命？有谁理解我"恨铁不成钢"的心情？我感觉很压抑，更谈不上幸福。当一个女人感觉不到幸福的时候,您说她是不是“嫁错了”?

可是没有人理解我,在外人的眼里,我是一个“幸福”的女人——从小生活顺利,在妈妈的无限关爱和殷切希望中长大,恋爱、结婚更是一帆风顺,老公还早早地在一个漂亮小区买了大大的房子,后来我们还有了两个天使般的女儿,老公对我一直疼爱有加,我不用朝九晚五地辛苦工作,老公一个人负担着家中所有的一切。可是我觉得这一切都很正常呀?男人不就应该这样吗?

不管怎样,我的问题是:我不快乐。老公真的不能带给我快乐。

是的,不快乐。

我怎么会快乐呢?老公不是我理想中的模样,人家不是说“夫贵妻荣”吗?他也没有带给我可炫耀的资本,不能满足我的虚荣心,我何谈荣耀啊?他不懂得生活的情调,不能和我对频。

我怎么会快乐呢?青春期的女儿屡屡和我发生矛盾,不听我的话,跟我胡搅蛮缠,你让她往东,她偏往西!你想跟她说话,她偏不理你!

我身边最亲、最近、最重要的人,都是让我不满意的人,我的人生怎么这么悲摧?上帝怎么如此不公!别人家的老公个个风流倜傥、高大帅气。别人家的孩子个个乖巧可爱、懂事迷人。为什么轮到我就是这样的老公、孩子?这水深火热的日子可怎么过?简直就是煎熬!哪里还谈得上什么“快乐”?为什么“快乐”这个词对我来说那么遥远?

怎么办?

怎么办呢?

这个世界上,有改造他们的方法吗?趁着女儿还小,趁着老公还年轻,还有可塑性。上帝呀,让我把他们改造成我喜欢的样子吧!

原来需要"大修"的竟然是我?!

正当我陷入痛苦的深渊不能自拔的时候,我喜欢的郑州广播电台《亲子课堂》栏目传来一个好消息:周虹老师的"虹汇心灵驿站"要张开怀抱,迎接第一批追求幸福生活的女人啦!

"哦?这不是在召唤我吗?"当时的第一感觉就是:周虹老师就是在专门对我喊话。难道这是天意?是上天为了弥补他的错误,专门派了天使来拯救我?于是,我在第一时间,像抓住救命稻草一样,加入了虹汇,心想:"这下可好了,我多年的梦想和改造计划就要实施啦。"心中那个激动啊……

历经了千辛万苦,那天终于站在了"虹汇"的舞台上,我滔滔不绝"痛说革命家史"似的向周虹老师大倒苦水,满怀希望得到改造老公的"秘方",没想到周虹老师却让我太失望了!

她不回答我的问题,反而问说:"你们结婚多少年了?说说你老公的10条优点和10道爱吃的菜?"

"周虹老师,拜托您!我交了学费,是来解决问题、改造老公的。您直接给我方法就行了。我不想绕弯子,老师。"我说。

"到了我这里,想解决问题,就一条原则——听话、照做。"周虹老师严肃地说。

嘿?她的态度和语气都带着不容置疑的霸气——"可是她为什么不直接解决我的问题呢?莫非她并没有我想象中的那么神奇?我不会是上当了吧?"

可是学费已交给人家了!

天哪!怎么突然有了一种"上贼船"的感觉?

此时此刻也只有自我安慰了:全当上一回当,看她怎么收场。不就是“听话、照做”吗?这个我会呀——谁让咱主动上了人家的“贼船”呢?

我开始捏着鼻子找优点:

想起第一次和老公见面的情景,那天他抱着一叠书急匆匆地从学校赶过来,后来才得知他在学校上的是用业余时间学习的专业提高班。当时的他儒雅、淡定,书卷气十足。我们在公园散步,每次坐在长凳上,他都会先用他的书帮我垫上,然后才让我坐下。也就是那一天,他的儒雅和细心打动了我。

后来我们结婚了,最初的二人世界里同样充满了欢乐:每天他下班回来都会带回来几个小笑话、小幽默故事,我们伴着这些小笑话共进晚餐,生活轻松而快乐。

2001 年夏天,我们终于有了属于自己的小房子。由于一天的时间没有搬完家,晚上,他让我睡在了旧房中唯一没有搬走的沙发上,因为太累了,尽管屋里蚊子成群,也没有挡住我睡觉的欲望。第二天,我美美地醒来,才发现老公一夜未眠,原来他坐在我身边拿着扇子赶了一夜的蚊子。

那年冬天,女儿出生了。每每孩子晚上哭闹,老公总是第一个下床哄孩子的人,他总说我喂奶辛苦,尽量让我多睡一会儿。

老公是一位高级工程师,他的业务水平在单位是数一数二的。2010 年,他作为唯一的代表,代表河南省参加了全国通信行业的高峰论坛并上台宣读了自己的论文,还拿到了一笔不菲的奖金。

2003 年,女儿两岁。老公说他想让女儿有个良好的生活环境,他看好了一个很漂亮的小区——只因为那个小区有个超级大的广场,广场上没有车辆来往。女儿可以撒着欢儿地疯跑。就为这个简单又充满爱的想法，老公拿出了我们所有的积蓄，交了首付，让女儿住进了漂亮的小区。老公则开始了漫长的还房贷生涯。

逢年过节，老公就是家里的大厨，一个人包揽了煎、炒、烹、炸等各项“武艺”。

我打着“带孩子”的旗号，一直都没有去上班。这一晃，就是10年。10年间，家里所有的生活开支、大事小情，全落在了老公一个人身上，可他无怨无悔。10年了，他没有对我说过一句否定、难听的话。对于我的要求也很少说个“不”字。还总是安慰我说：“你把孩子带得这么好，把家收拾得这么干净，已经很了不起了！”

2012年，周虹老师的虹汇开始招收会员。我是真想去呀，可是家中刚刚还完房贷，实在是不宽裕。老公看出了我的心思，主动取出了现金，说：“难得有你真正喜欢的人和事，喜欢了，就去吧！最起码你会很开心，也相信你会做好。”当时我拿着那厚厚的一大叠钞票，心里真是舍不得呀——真的要交出去吗？真的能学到我想要的东西吗？摇摆不定中，是老公的再三鼓励，才使我最终走进了虹汇的大门。

进虹汇后，有许多事情需要用电脑。而我是个电脑盲，老公就从最基础的东西教起，一点一滴手把手地教，直至我能够熟练操作电脑。

就这样想着想着，接下来的一周，我渐渐有些傻了。

当我拿着迫不得已、被周虹老师逼着才完成的“作业”反馈给她的时候，脑子里穿越般闪过我和老公在一起的点点滴滴，我们两个真的像小鸟絮窝一样，一草一叶地搭建起了我们的小家。

我的心开始柔软起来，接着开始痛起来：逐一对照，老公不正是周虹老师所讲的“男人格”中的好男人吗？——性格温和、幽默，生活从容不迫，事业游刃有余。这曾经是我自己挑选的、心甘情愿要嫁的人呀！什么时候在我眼中变成了一块鸡肋了呢？面对这个问题，我也很痛苦。

带着这个问题，我又找到了周虹老师："老师，这么看来，老公似乎是不错。我也承认，但那都是'过去式'了。我主要是对现在的他不满意，还是希望他能进步。"

周虹老师还是延续她一贯的风格——不正面回答问题，而是说："谈谈你的原生家庭吧！"

我说："我的姥姥生了3个女儿，在当时那个年代受尽歧视。姥爷远在新疆工作，大姨从小参军离家，小姨体弱多病，只有我的妈妈责无旁贷地成了家中的顶梁柱，家里家外一肩挑。妈妈晚婚，生下我和弟弟。从小我就看到了妈妈的辛苦，总想着有一天让妈妈过上好日子。可是由于自己的原因，没有考上大学，这是我感觉最对不起妈妈的一件事。结婚后，我生了两个女孩。由于种种原因，我一直在家带孩子，可是心里却很不甘心，甚至很自卑。但是我希望老公很好，一天比一天好。"

听我讲完，老师说："我来说说你吧，头发短，不穿裙，说话快，甚至不给人喘息的机会，像个男孩子啊。姥姥把妈妈养成了'男孩子'，妈妈又把你养成'男孩子'。你总想在家里做个顶天立地的角色来回报妈妈，可是现实生活中，你没有这个能力。这几年，你与社会脱节，希望用老公的光环、成功来弥补你的自卑和脆弱。希望老公填补你的缺失。终于，你发现老公不能达到你的要求，委屈、愤怒、不甘、失望、自责、悲观等负面情绪潮水般向你涌来，加倍爆发在他身上。自己不快乐，连累身边最亲的人。这其中更深层次的原因就是——你不认可自己的性别，不喜欢你自己，更不爱你自己。所以，自己都不爱，怎能爱别人？"周虹老师的分析一气呵成。

天哪！这实在有些深奥。我有些不能理解。

我是奔着改造老公来的，怎么又把矛头指向了自己？再说，这么多年了，我就是这么过来的，也没听谁说我不好呀，反而有许多人夸我风风火火的、很能干呢！怎么到了周虹老师这里，情况就变得不妙了呢？看这架势，是要先拿我开刀？

“当然！先改变自己吧。先从爱上自己、认可自己的性别开始吧！”周虹老师终于出招儿了。

“爱上自己”？这话怎么听着这么奇怪呢？我39岁了，难道活了39年，从没有爱过自己吗？那么我究竟是谁？这么多年我是怎么过来的？我想不明白，也不想承认，甚至不敢去面对。我的心开始往下沉了。

但周虹老师可不管你的心沉不沉，她继续说：“身为一个女人，出门前化妆，留长头，穿飘逸裙子，细致地呵护每一寸肌肤，尝试低声软语、浅吟低唱的感觉，让老公和孩子尝试温柔的力量。这才像女人！”

一连串的作业彻底把我打懵了！是的，这么多年，为了带孩子、还房贷、干活方便，我每天生活能简单就简单，衣服能凑合就凑合。夏天更是短衣襟小打扮，很少穿裙子……这样想来，还真是对不起“女人”这个称号。

好吧，就从最简单的衣着开始吧！此时正赶上虹汇的姐妹们去订做旗袍。旗袍？这在以前我是连想都不敢想的穿着，总觉得那是一种离自己很遥远的东西，从来都不敢去尝试。可是当那件长及脚踝的旗袍真的穿在身上，天哪，镜中那个美人儿竟然也“巧笑倩兮，美目盼兮”。举手投足有了几分温婉的味道，心里更是莫名地平静了许多。好神奇啊！一件美丽的衣服竟能引起这么大改变？当然！更神奇的还在后面：当我衣着得体、光鲜亮丽地跟随周虹老师一起去参加酒会，立刻就成了全场的焦点，那一刻，我读懂了别人目光中的东西——它叫“尊重”，那味道，是甜滋滋的。

正如周虹老师常说的：“你，就是你穿的。”当别人还不完全了解你的情况下，你的衣着就是你的名片，它把你的品味和你的生活状况展示得一览无余。

2014年元旦，在周虹老师的个人演唱会上，我有幸加入了伴舞的行列：精致的妆容配上得体的服装，站在流光溢彩的舞台上，当迷人的老上海音乐响起，随着音乐轻摇碎步。恍然间，我就是20世纪30年代上海滩的名媛……我喜欢这样做女人的感觉，我喜欢此刻的自己，我享受这一刻的陶醉，往日那个“河东狮吼”的自己渐渐远去。

可是，我们是不可能时时刻刻生活在舞台上的，舞台上片刻的陶醉终究抵不过几十年的生活惯性。当我又一次穿着打底裤和宽松舒适大T恤出现在周虹老师和虹汇姐妹面前，她把我拎了出来。她可是从来不顾及别人面子的“冷面杀手”，她从不考虑你是谁，你做过什么，她对大家说：“大家看一下毛秘书长的衣着，这像虹汇女人还是像逛菜场的？一个人穿着这身衣服站在你面前，你会相信她说的话吗？如果你是合作者，你会与她签约吗？如果你是学校的老师，你会尊重她的孩子吗？要不，谁有漂亮的衣服，送给她吧？”

台上的老师还在继续“嘲讽”，台下的会员已是私语声、笑声一片！我恨不得有个地缝钻进去。当时，我心里恨极了周虹老师，眼泪再也控制不住地流下来。心想：不就是穿个衣服吗！多大点儿事，至于当众让我难堪吗？太小题大做了！长这么大，我还没有受过如此羞辱，我这不是花钱买罪受吗？——真的不想和她玩下去啦。

事后，老师又找到我：“知道为啥把你弄得那么难堪吗？是让你从此记住对于女人来说，形象永远是第一位的，女人的第一任务就是来给这个世界增加美的。过了这一关，其他的就容易了。”

真的是痛彻心扉的领悟，为了不让这种尴尬和难堪重演，我报名上了张丽老师的形象课，在张老师的引领下，我逐渐摒弃了那些让人情绪不稳定的大红、大绿等颜色，找到了属于自己的色彩：浅冷色。是的，安静的浅冷色再加上飘逸的款式，当这样一件和我珠联璧合的衣服与我融为一体的时候，我的心里涌出的不仅仅是喜悦，更多的是一份宁静和安详。此时的我不再想发飙，只想用轻声软语来对待周围的人。直到这一刻起，我才真正明白了周虹老师的良苦用心——她是想让我们先从外形远离“发飙”。先从外形上高贵起来，进而高贵整个内心。

关于服装的问题，周虹老师后来还有更精彩的建议：“我们现在的年龄，已经是人到中年，如果你觉得你的童年过得有遗憾，那么就把喜欢的服装穿在女儿的身上吧，就像穿在小时候的自己身上，把自己又精心地养了一遍。慢慢地，你会达到身心合一的状态。

这个建议太好了！当我把不同风格的服装：旗袍、军服、学院风、小清新、飘逸长裙、小马裤、百褶裙……轮番穿在女儿身上的时候，我也仿佛重新成长了一次，内心得到从未有过的满足。女儿也是笑靥如花，她好像不再热衷于跟我顶牛了。

这个时候，我似乎意识到了什么：目前为止，我那宏伟的改造老公的计划，还一步都没有实施呢！我自己却被周虹老师改造了许多！

哦？整件事情，好像哪里不太对吧？

接下来发生了一件让我非常不服气的事，也是对我触动最大的事。

我在虹汇工作兢兢业业，可还是出了点差错，被一位姐妹抓住小辫，我对她不屑一顾！见到她时不想理会，她跟我说话，我把头偏向一边，装作没听见，可是所有愤怒的表情全写在了脸上，整个人气得都要爆炸了！

我自认为已经做得非常好了，水平很高了——因为我没有当面和那个姐妹发生冲突呀！没想到周虹老师还是点评说我输了。我不服！觉得周虹老师太偏心，甚至有些厚此薄彼。

我满腹委屈地问："周虹老师，你不是说要继续在微信朋友圈中做减法，我为什么不能？大不了我没有她这个朋友？为什么要跟她和解呢？"

"减无关联的人。和你发生矛盾的是我们的会员姐妹，我们是一个团队。今天你减了张三，明天你再减李四，后天减王五，若干天以后，你身边还会有谁？你想过没有？根本原因是你的心眼儿太小、格局太小，装不下事情。真正强大者脸上始终挂着微笑。动不动就生气，像一个随时爆炸的炸药包。想想你平时的情绪模式吧？"周虹老师的话掷地有声。我半天还缓不过神儿。长这么大，没有人这么说过我呀！可是细细品读，又句句在理。

那天，周虹老师又为大家进行"催眠观心"的活动，即在潜意识中发现真实的自己。周丽老师引导我们看各自"梦"中的房子，我看到自己的房子是一个极其简陋的森林小木屋。

后来，周虹老师解析道："房子正好验证了你现在小小的格局，小小的格局当然容不下东西。简陋的陈设又恰恰暗示了贫瘠的"自我"。不强大、不丰富的心灵世界当然要向外界条件要支撑，一点风吹草动，你就反应过激。毛帆同志，还是在自己身上找原因吧！"

我用了1个月的时间反思自己，最后终于承认：我是一个强调自我、很爱慕虚荣的女人，总认为"我"才是正确的，总希望在老公、孩子对我的不断肯定和认可中找到自己的价值。我通常衡量老公、女儿的标准不是他们做得对不对，而是是否符合我当时的心情和要求。如果他们做得不符合我的心情和要求，我就会勃然大怒，甚至认为他们专门和我作对，不给我面子。继而从这点出发，辐射出许许多多的不良情绪，最后，自己顾影自怜地沦落到焦虑和悲伤之中。

比如，青春期的女儿思维活跃、口无遮拦，她不经意间的一句话就会触动我的神经，引得我大发脾气，与她发生一场“战争”。事后想想，也无非是芝麻绿豆般的小事，可是争吵却伤害了我们的感情。

比如，老公毕业于国内名牌大学，就职于大型国企，业务水平一流，没有什么不良嗜好，以前，我是那么崇拜他！不知什么时候，也许是随着我的欲望的增加，也许是因为开始和别人攀比，我开始挑剔他不会应酬、不善交际、不会大把大把地赚钱……于是，他所做的事情十有八九我都不满意，常故意找茬。

可是这些，当我固步自封在自己的小圈子的时候，我竟全然不觉，或者根本不会去反省。

再接下来，周虹老师的《两性关系》课之《另一半之谜》，使我更进一步地看清了自己。

我从小在农村长大，大姨生活在城市，在那个年代，她和她的孩子们在给了我家很多物质帮助的同时，也让我在小小年纪感受到铭心刻骨的歧视。这种感觉深深地烙在我的记忆中，我发誓长大后坚决不再“被人歧视”。于是，恋爱的年龄，我就有意无意地选择了对我来说没有任何压力的老公。也就是说，我的内心缺失了“被人尊重”的另一半，所以我在婚姻中寻找、弥补。老公就是我曾缺失的、苦苦寻觅的另一半。

当时，老公满足了我对“另一半”的要求。现在却又满足不了我对“自我”的要求。在此情况下，我所有的压力、指责、抱怨，他都照单全收，这么多年，他包容我，对我不离不弃。我从来没有对他有感恩之心，反而希望他是个取之不尽、用之不竭的大宝藏，随时变换状态，满足我不同时期的不同要求。

我真实地看见了自己——一个多么贪婪的女人啊！我在消费婚姻，打着“婚姻”的旗号，不停地要、要、要！要尊重，要面子，要外形，要物质、要保护，要陪伴……而我自己却在原地不动，更不付出。

最令我震惊的是，今年夏天周虹老师给我做了一场家排，使我发现：我真的重男轻女！两个女儿的代表上场后竟然恐惧地看着我，不敢靠近我。当时我哭得很痛，这一刻，当我真的看清了自己的问题，看清了自己对女儿的伤害。“我”才是我自己的根源。我连自己都没有修炼好，只想去改造老公、孩子，没有理由啊！

我平静了，真的不折腾了。这个时候，周虹老师不失时机地开出了她的“药方”：

“第一，把你说话的声音降下来，语速也要慢下来。先从语言上彰显一个女人出的贵气。

第二，回家给女儿道歉，给老公洗脚。

第三，坚持每天静心。用感恩心和谦卑心来崇拜老公：感恩他风风雨雨陪你走过十几年；感恩他不重男轻女，呵护两个漂亮的女儿；感恩他让你不用工作就衣食无忧；感恩他面对你的折磨还不离不弃；感恩他做了你女儿的好父亲；感恩他为这个家做了这么长时间的‘老黄牛’……你只要有了感恩和谦卑之心，就不痛苦了。”

终于拿到“药方”，此刻再去“盲从”，却是心服口服的。当我降低了声调和语速，言语中少了许多不经大脑、口无遮拦的伤人利器；温柔软语让我有了更多的思考机会；每天的养心让我的心慢慢地平静下来，少了许多的急躁。当我蹲下身来为老公洗脚，心中浮现的是这么多年老公为了一家人的生活，风里来雨里去，辛苦打拼，自己却很节俭。洗着洗着,一层水雾就飘到了我的眼睛里……

这一次,我终于弯下了腰,从另外一个角度再次审视老公和女儿:老公是我最大的支持者,没有他就没有我在虹汇的修行;他是最好、最耐心的爸爸,是女儿的好朋友;他情感专一,是一个很温暖的人;他的情绪稳定,没有大喜大悲,不善言谈却一直默默承担;他是一个值得信赖的人,和他在一起,小日子过得很踏实……

青春期的女儿非常非常漂亮,身材又好;不仅学习上从没有让我们操过心,而且多才多艺;在家,基本的家常饭都难不倒她;在学校,人缘很好,男生、女生都是她的好朋友;外出旅游,总不忘给我们带礼物……

从这样的视角看老公和女儿,他们就多了几分可爱,似乎我也少了那么多冲他们发飙的理由,我的心情慢慢地变得不再急躁,我看到女儿在爸爸的陪伴下满足的样子,我感到老公开始愿意更多地和我交流。

2014 年的情人节,老公兴冲冲地回家,怀里抱着 3 束玫瑰花:"这些玫瑰花,最漂亮的一束是送给老婆的,另外两束是送给我的两个小情人的——我要让她们知道,老爸才是世界上第一个送玫瑰花给她们的男人!"

哦? 太阳从西边出来了! 这个木讷的男人什么时候也懂幽默、浪漫啦?

对了对了,这文章开头是谁说老公不浪漫、不解风情来着? 反正不是我吧? 哈哈哈哈……

就在 2014 年这个美丽的秋天,老公应周虹老师之邀,勇敢地走进了郑州广播电台《亲子课堂》栏目直播室,畅谈近两年来我在虹汇学习修行的变化。他说:"老婆的变化还是挺大的:不再事事苛求,很多时候会站在对方的立场上考虑问题，会接纳别人的情绪，会管理自己的情绪，也开始用自己所学的知识去帮助别人体现自己的价值，开始对金钱和财富越来越有感觉，穿衣服越来越漂亮，举手投足多了女人的味道……这都是我喜欢的。当然，老婆所有的这些还仅仅是个开始，深度上还期待有更大的提高。”

这么多年了，我才愿意去读懂这个世界上离我最近的男人：他一直在等着我成长，他喜欢温柔、淡定的老婆，喜欢漂亮的而不仅仅是只会干活的老婆，喜欢大气的老婆，喜欢快乐的老婆。

我终于知道：我这么多年不快乐的原因就是肤浅、精神匮乏。自己不够丰富，就总想从别人、从老公那里得到许许多多的东西——不管他能不能满足我的要求，反正就是没完没了地索取而忽视了让自己本身成为一个发光体、一眼泉水，去温暖和润泽别人、快乐自己。

我终于知道：在这个家里，我才是情绪的核心。学着做一个淡淡的女人：不激进、不沉沦、不发飙、不事事反应激烈，保持温柔、保持微笑，相信“吸引力”法则，相信我想要的，我们都能够吸引而来。

周虹老师点评

在中国，很多家族的遗传基因都是痛苦的。

一代代注定是女性的人不接纳自己的性别，是家族成员世袭吃苦的原因。对于她们来说，出生即是失败，从小被嫌弃，刻骨铭心，无意识中外形往男性化方向发展。

一旦自己又生养了一个或者多个女儿，就愈发嫌弃自己和女儿，嘴上说得再好，内心也爱不起来。自卑、对抗与日俱增。

人生残缺就想弥补啊，努力改造老公、粗暴管教孩子成为她们生活的主线，幻想通过改造家人赢回面子和人生。这样越努力，生活越困难，亲情恶化，家无宁日。

杜绝重男轻女，女性最需要成长，认可女性身份，身心团圆，当下即是真正的妻子和母亲，才可以与丈夫、孩子和谐相处。

在所有的团圆中，她们与自己的团圆最艰难。一旦团圆，恩泽惠及世世代代！

女人，爱自己，才能爱他人！